HEXAGON BRIDGE

image
MOZTROS

GUION + DIBUJO
RICHARD BLAKE

EDITOR
OLIVER ZELLER

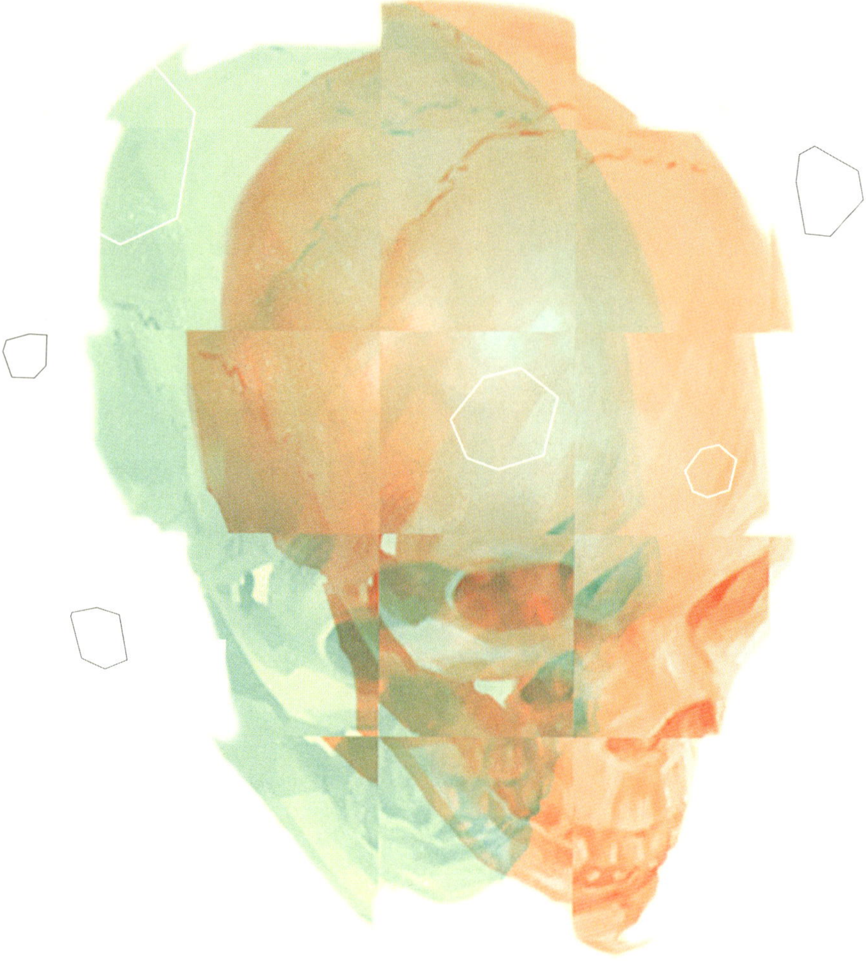

Published in the United States by Image Comics, Inc.: www.imagecomics.com.
Spanish edition published 2024 by Moztros Producciones, S.L.
Originalmente publicado en USA como: Hexagon Bridge #1-5.

HEXAGON BRIDGE
Una publicación de Moztros Producciones S.L.
Barcelona, España.
www.moztros.com
distribucion@moztros.com
info@moztros.com

EDITOR: Leo Scarano
ASISTENTE EDITORIAL: Jana Baró
y Germán D´Agostino
PRODUCCIÓN EDITORIAL: Black Cat Studio
TRADUCCIÓN: Rodrigo Díaz
LETREADO: Juan Pablo Marse

ISBN: 978-84-19903-88-4
DEPÓSITO LEGAL: B 9488-2024
JULIO 2024. PRINTED IN SPAIN.
Planta impresora:
Arlequin & Pierrot SL.

1 ELENA

EN EL AÑO 4040, UN EQUIPO DE CIENTÍFICOS Y EXPLORADORES DESCUBRIÓ UN PORTAL HACIA UNA DIMENSIÓN PARALELA DESCONOCIDA.
LO LLAMARON... EL PUENTE.
DESPUÉS DE UNA SERIE DE EXPEDICIONES SIN TRIPULACIÓN, DOS CARTÓGRAFOS SE AVENTURARON A TRAVÉS DEL PUENTE, CON EL OBJETIVO DE ABRIR RUTAS PARA FUTURAS EXPLORACIONES...
LA CONFECCIÓN DE MAPAS PROCEDIÓ SEGÚN EL PLAN...
HASTA QUE, DE REPENTE...
...SE PERDIÓ TODO CONTACTO.

DISCÚLPENOS POR ESTA... DESAGRADABLE INTERRUPCIÓN.
SOY CONSCIENTE DE QUE ES UNA TÁCTICA POCO CIVILIZADA.
SIN EMBARGO, ES NECESARIA PARA OFRECERLE UNA PEQUEÑA MUESTRA DE LO QUE SOMOS CAPACES DE HACER.
UNOS MINUTOS MÁS EN AQUEL AMBIENTE HELADO Y, BUENO...
EN FIN... DEJEMOS ESTE EPISODIO ATRÁS. POR FAVOR... ACOMPÁÑEME.
TENGO PREPARADO UN CAFÉ COLOMBIANO QUE HACE TIEMPO QUE DESEO PROBAR.

POR SUPUESTO, UN EXPRESO TAMBIÉN SERÍA APROPIADO PARA LA OCASIÓN.
ME LLAMO GERARDUS.
Y AHORA... MI AMIGA CARTÓGRAFA, QUIZÁ PUEDA TENER LA CORTESÍA DE DECIRME SU NOMBRE...
Y QUÉ HACE AQUÍ, INTENTANDO HACER UN MAPA DE MI... CURIOSO HOGAR...

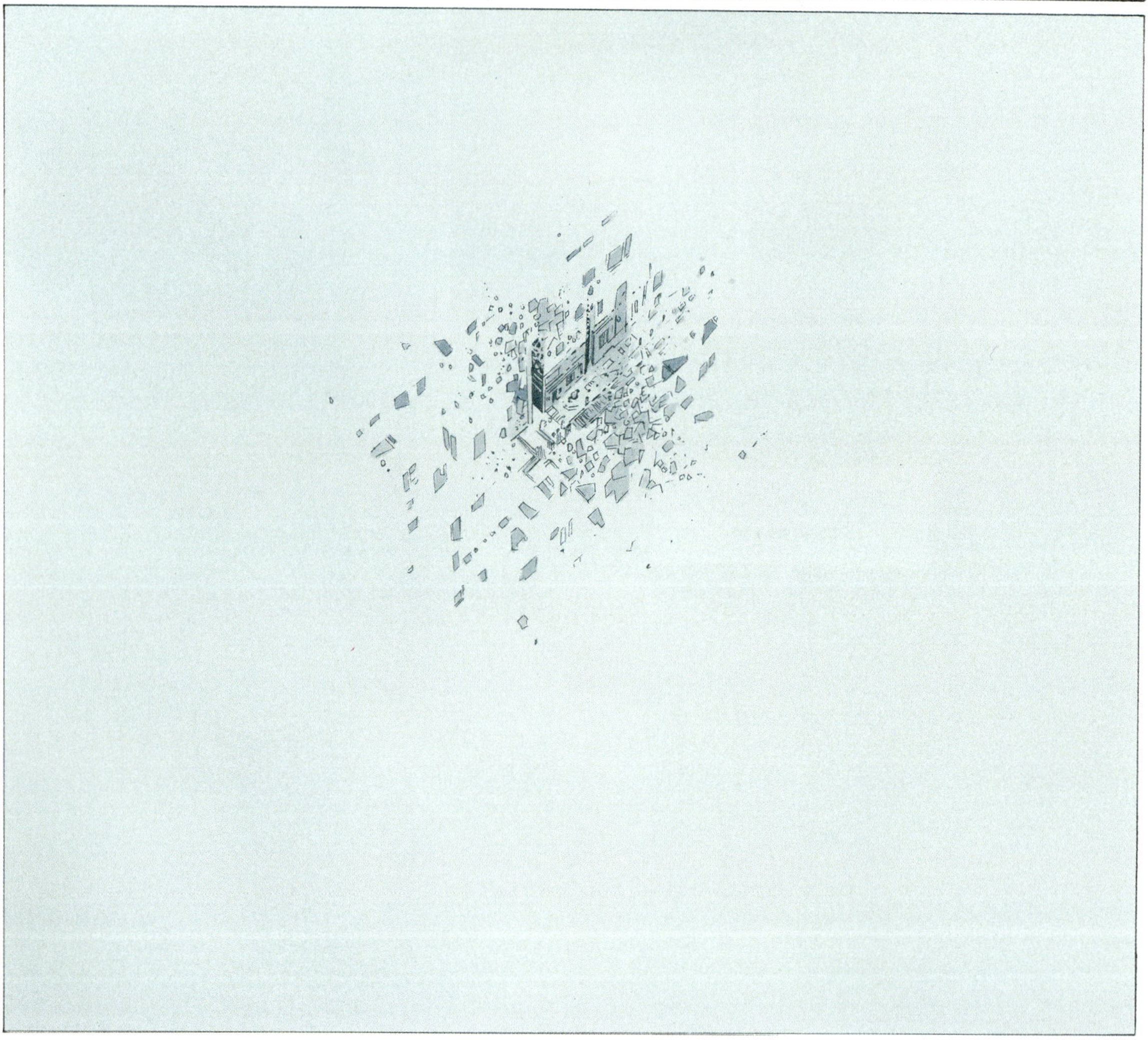

2

JACOB

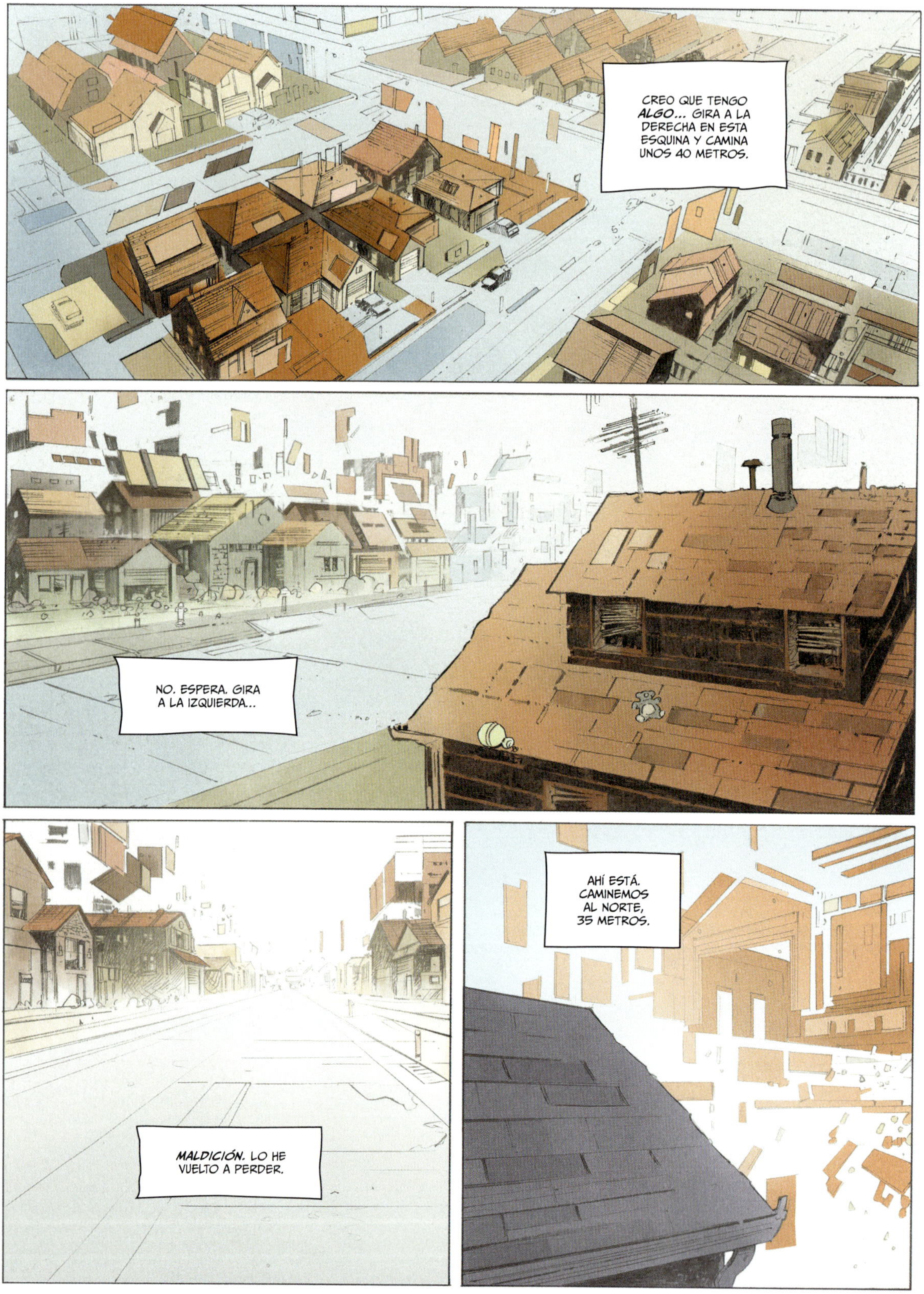
CREO QUE TENGO *ALGO...* GIRA A LA DERECHA EN ESTA ESQUINA Y CAMINA UNOS 40 METROS.
NO. ESPERA. GIRA A LA IZQUIERDA...
MALDICIÓN. LO HE VUELTO A PERDER.
AHÍ ESTÁ. CAMINEMOS AL NORTE, 35 METROS.

SÍ, NOS ESTAMOS ACERCANDO. 25 METROS MÁS.
ESTE ES EL LUGAR. LA SEGUNDA CASA A LA IZQUIERDA...

AQUÍ... BAJO LAS TABLAS DEL SUELO.
LA VEO.

AVANZA LENTAMENTE...
HMMM...
¿QUÉ VES?
CREO QUE ES OTRO *CARTÓGRAFO*... PERDIDO, COMO LA PRIMERA.
ESTÁ INCONSCIENTE, PERO SIGUE VIVO...

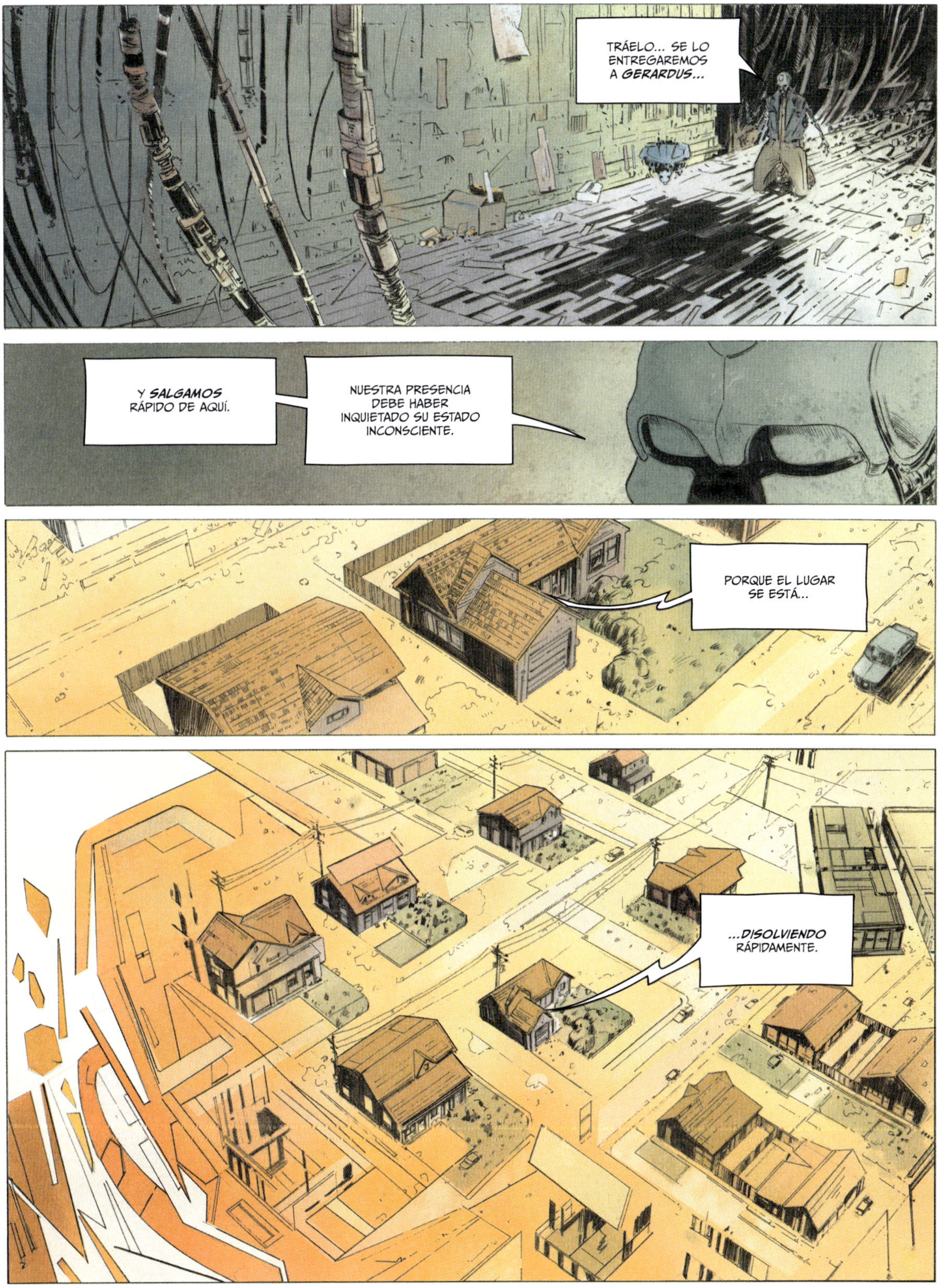
TRÁELO... SE LO ENTREGAREMOS A GERARDUS...
Y SALGAMOS RÁPIDO DE AQUÍ.
NUESTRA PRESENCIA DEBE HABER INQUIETADO SU ESTADO INCONSCIENTE.
PORQUE EL LUGAR SE ESTÁ...
...DISOLVIENDO RÁPIDAMENTE.

3 ADLEY

HEXÁGONO 12.
PUESTO DE INVESTIGACIÓN DE VIAJES MULTIDIMENSIONALES Y ROBÓTICA AVANZADA.
ALASKA, BOSQUE DE TONGASS. 4048.

ADLEY... ¿QUÉ VES...?

VEO A MAMÁ. EN LAS MONTAÑAS... NIEVE... MUCHO FRÍO.
LA INTERCEPTA UN TAL... GERARDUS... ¿QUE LE OFRECE CAFÉ?
PAPÁ DUERME. FLOTANDO BAJO UNA CASA... LO CAPTURA... UN... HOMBRE DELGADO... Y SUS DOS AMIGUITOS.
MAMÁ Y PAPÁ TIENEN PROBLEMAS.
ME HA DESPERTADO CON MÁS VISIONES.
AL PARECER, HAN CAPTURADO A JACOB Y ELENA.
NUESTRAS SOSPECHAS ERAN CORRECTAS. LA EXPEDICIÓN HA DADO UN GIRO PELIGROSO.
ESTÁN ATRAPADOS, ABUELO.

ADLEY, ¿PUEDES DECIRNOS ALGO MÁS SOBRE LOS LUGARES DONDE HAS VISTO A TUS PADRES...? ¿LOS LUGARES DEL *PUENTE?*
¿LOS HABÍAS VISTO ANTES, EN OTRAS VISIONES?
NO, CREO QUE NO. SIENTO QUE VIENEN DEL PASADO DE MAMÁ Y PAPÁ...
SON RECUERDOS.
¿SUS CAPTORES PUEDEN CONECTARSE A SUS RECUERDOS PARA TRANSFORMAR EL LUGAR? ¿COMO ARQUITECTOS DEL *SUBCONSCIENTE?*
ADLEY, ESTOS *SERES...*
...¿SON *HUMANOS?*
NO, SON... *MÁQUINAS.* COMO LAS QUE CREA EL SR. ISHIGURO.
¿MAMÁ Y PAPÁ ESTARÁN BIEN?
NO LES PASARÁ NADA, ADLEY. NO TE PREOCUPES. LOS ENCONTRAREMOS.

ASÍ QUE... ADLEY HA TENIDO **MÁS** VISIONES ESTA MAÑANA...
AL PARECER, JACOB Y ELENA ESTÁN **PERDIDOS** EN EL **TERCER** SECTOR DEL *PUENTE*...
...CAPTURADOS POR SERES PODEROSOS.
UNO DE ELLOS PARECE...
...MALÉVOLO.

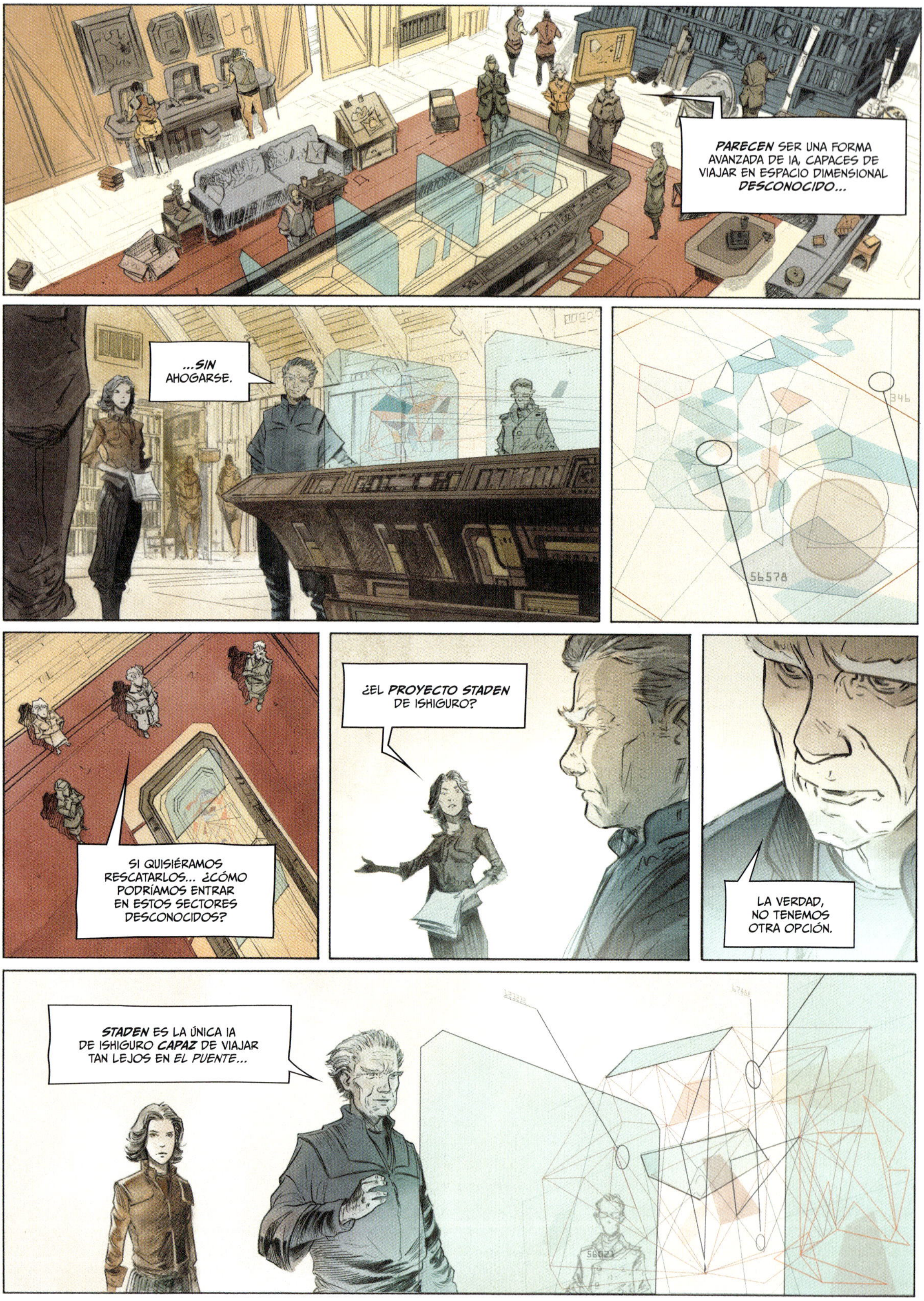
PARECEN SER UNA FORMA AVANZADA DE IA, CAPACES DE VIAJAR EN ESPACIO DIMENSIONAL DESCONOCIDO...
...SIN AHOGARSE.
56578
SI QUISIÉRAMOS RESCATARLOS... ¿CÓMO PODRÍAMOS ENTRAR EN ESTOS SECTORES DESCONOCIDOS?
¿EL PROYECTO STADEN DE ISHIGURO?
LA VERDAD, NO TENEMOS OTRA OPCIÓN.
STADEN ES LA ÚNICA IA DE ISHIGURO CAPAZ DE VIAJAR TAN LEJOS EN EL PUENTE...

NIC, ¿CREES QUE ESTÁ LO BASTANTE AVANZADO PARA ESTO?
STADEN ES LA ENTIDAD MÁS SOFISTICADA QUE HEMOS DISEÑADO JAMÁS, CAPAZ DE VIAJAR ENTRE ESPACIOS TECTÓNICOS INESTABLES.
Y DE LEER NUESTROS SINGULARES SISTEMAS DE CARTOGRAFÍA...
EL PUENTE ES UNA RED DE MUCHOS CAMINOS EXTRAÑOS.
HARÁ FALTA UNA MENTE EVOLUCIONADA PARA NAVEGAR POR ÉL CON ÉXITO.
MÁS QUE UNA MENTE. STADEN TENDRÁ QUE MOVERSE POR LUGARES QUE NI SIQUIERA PODEMOS IMAGINAR.
HABLEMOS CON ISHIGURO... PARA ACLARAR QUÉ ES POSIBLE.

LOS ENCONTRAREMOS, ADLEY.

4

STADEN

...COMO PUEDEN VER, GRAN PARTE DE LA CORAZA EXTERIOR AÚN ESTÁ EN DESARROLLO...
SIN EMBARGO...

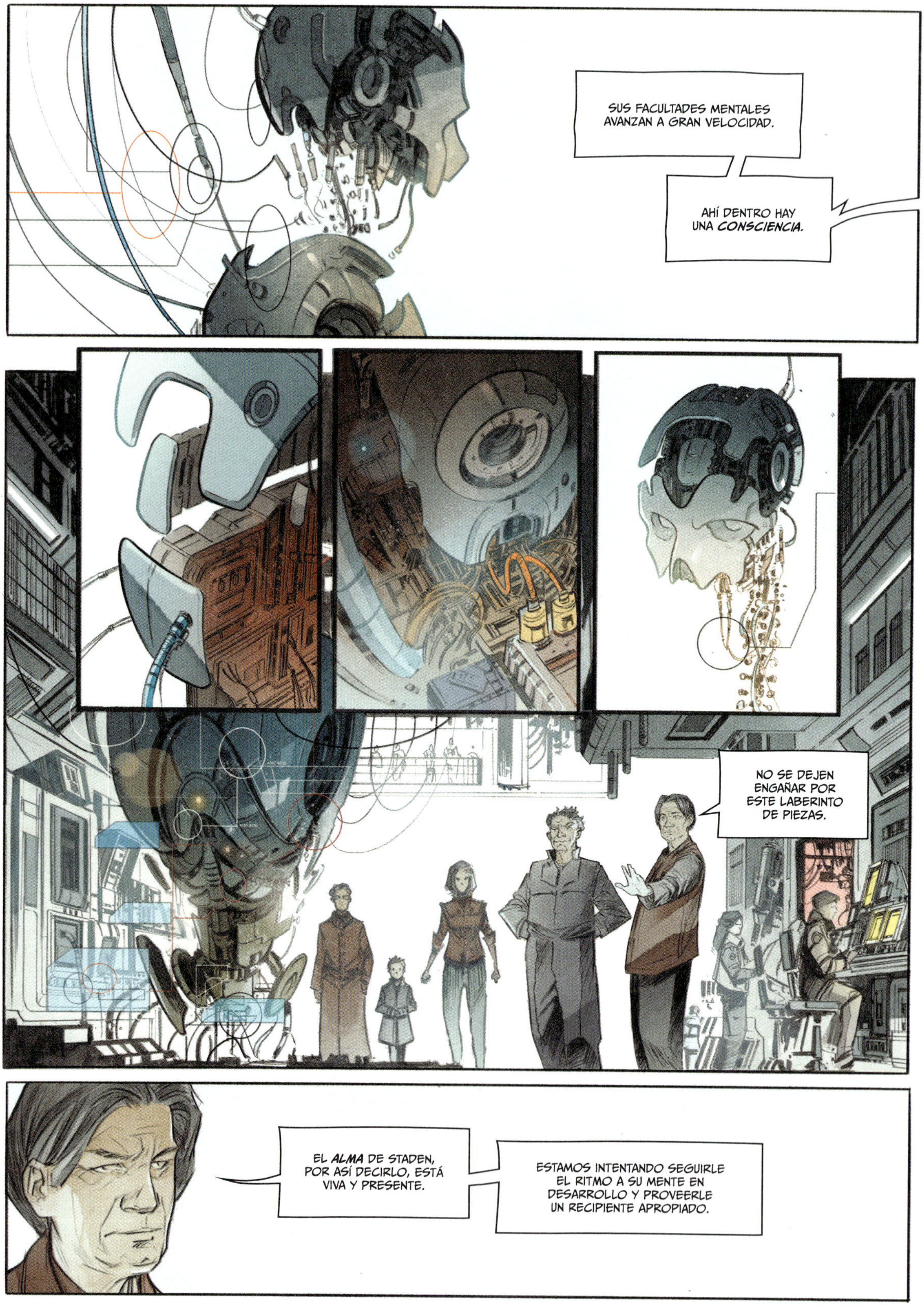
SUS FACULTADES MENTALES AVANZAN A GRAN VELOCIDAD.
AHÍ DENTRO HAY UNA *CONSCIENCIA.*
NO SE DEJEN ENGAÑAR POR ESTE LABERINTO DE PIEZAS.
EL *ALMA* DE STADEN, POR ASÍ DECIRLO, ESTÁ VIVA Y PRESENTE.
ESTAMOS INTENTANDO SEGUIRLE EL RITMO A SU MENTE EN DESARROLLO Y PROVEERLE UN RECIPIENTE APROPIADO.

HEMOS TARDADO **AÑOS** EN LLEGAR A ESTE PUNTO... PERO HAY UNA SOLUCIÓN **POSIBLE** PARA ACELERAR EL PROGRESO...
...EL MISMO STADEN PODRÍA ACELERAR LA CONSTRUCCIÓN.
CUANDO SU INTELIGENCIA SE DESARROLLE, PODREMOS **HABLAR** Y TRABAJAR JUNTO A STADEN EN SU PROPIO DISEÑO **FÍSICO.**
COMPRENDO... **ACELERANDO,** ASÍ, EL PROYECTO ENTERO.
EXACTO. CAROLINE HA LOGRADO AVANCES **SIGNIFICATIVOS** EN EL PROCESO DE DISEÑO DE PROGRAMAS.
CUANDO HABLE... ¿CÓMO SONARÁ?
BUENO, ADLEY, AL PRINCIPIO... NOS VA A HABLAR EN NÚMEROS Y SÍMBOLOS...
PERO, **CON EL TIEMPO...**

...TENDRÁS CONVERSACIONES *REALES* CON ÉL... *QUIZÁ* MUY PRONTO...
HOLA, STADEN. SOY... ADLEY.
¿Y SUS HABILIDADES *CARTOGRÁFICAS?*
BUENO... PARA PODER RASTREAR EL PARADERO DE JACOB Y ELENA CON MAYOR *PRECISIÓN...*
...DEBERÍAMOS CONSIDERAR REVISAR EL *PROYECTO ESPEJO.*

EL PROYECTO IMPLICARÍA CONECTAR LA MENTE DE ADLEY A LA CONSCIENCIA ARTIFICIAL DE STADEN.
CON SUS HABILIDADES INTUITIVAS, ADLEY SERÍA COMO LA NAVEGANTE EN REMOTO DE STADEN. Y LO GUIARÍA A MEDIDA QUE VIAJA A TRAVÉS DEL PUENTE.
TRABAJANDO JUNTOS, PODRÍAN, CON SUERTE, ENCONTRAR A LOS PADRES PERDIDOS DE ADLEY...
SIGUIENDO FÍSICAMENTE EL RASTRO DE MIGAJAS DIMENSIONALES DE JACOB Y ELENA, ¿EH?
CORRECTO... PERO, RECUERDEN, ESTA MISIÓN TIENE SUS PELIGROS.
CONECTAR LA MENTE DE ADLEY A STADEN... PODRÍA TENER EFECTOS INESPERADOS EN SU CONSCIENCIA.
TENEMOS QUE PROCEDER CON CUIDADO... PUEDEN PASAR AÑOS HASTA QUE ADLEY Y STADEN ESTÉN LISTOS.

12 AÑOS DESPUÉS...
ANOCHE TUVE UN SUEÑO RARÍSIMO...

ESTABA EN UNA CIUDAD SILENCIOSA... CARGANDO UN OSO POLAR... ATADO A MI ESPALDA.
¿QUÉ PUEDE SIGNIFICAR, STADEN?
HMMM.
¿EL OSO POLAR PODRÍA SER LA **RESPUESTA** A... ALGO?
ES POSIBLE, ADLEY.

OBVIAMENTE HAY ALGO *SIN RESOLVER.*
LOS SUEÑOS SON UN ENIGMA TESTARUDO.
ALGUNOS CREEN QUE SON MENSAJES CIFRADOS DEL INCONSCIENTE. OTROS CREEN QUE SON UNA REALIDAD PARALELA.
SEA COMO SEA, SU SIGNIFICADO SUELE REVELARSE POR SÍ MISMO...

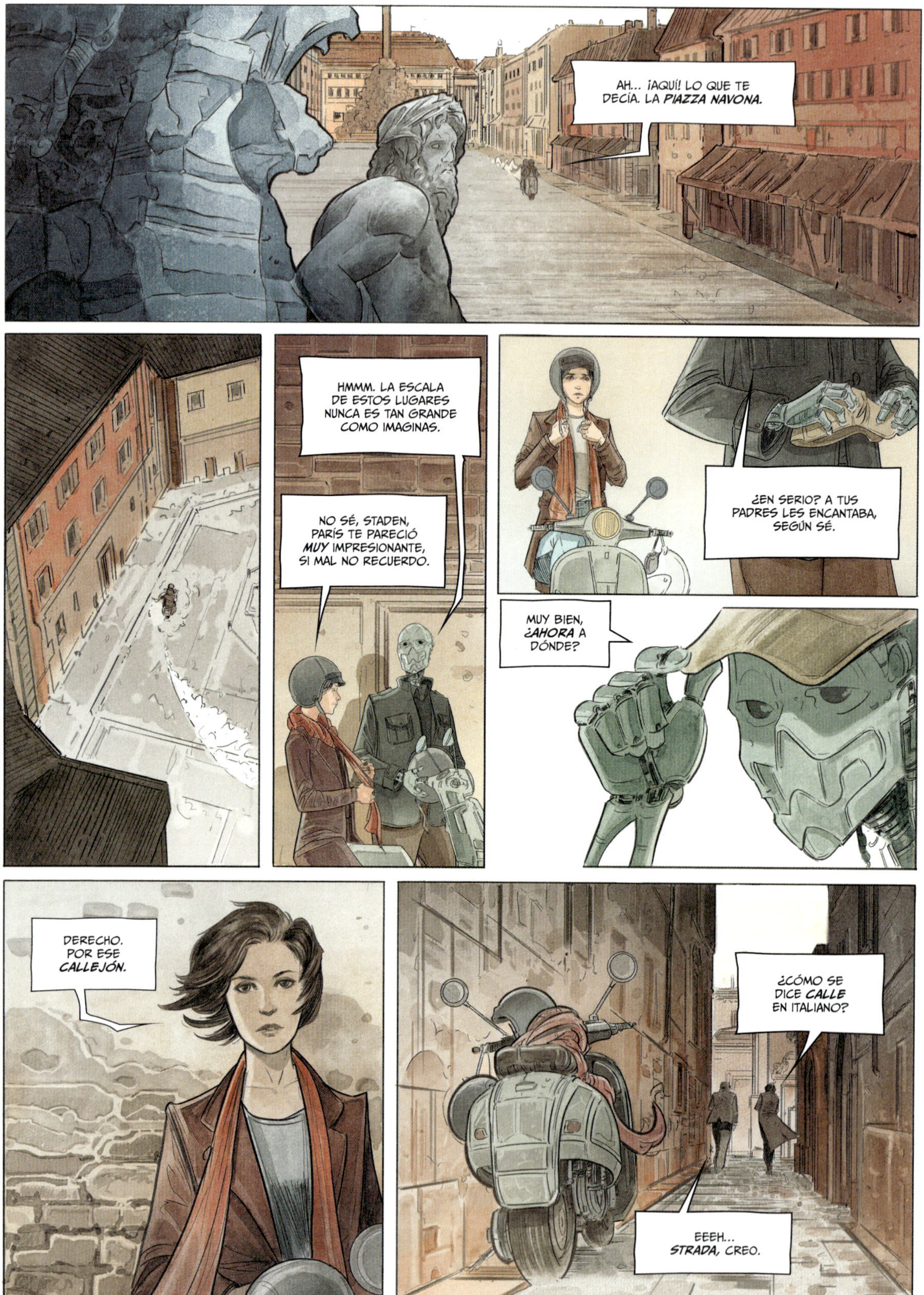
AH... ¡AQUÍ! LO QUE TE DECÍA. LA *PIAZZA NAVONA.*
HMMM. LA ESCALA DE ESTOS LUGARES NUNCA ES TAN GRANDE COMO IMAGINAS.
NO SÉ, STADEN, PARÍS TE PARECIÓ *MUY* IMPRESIONANTE, SI MAL NO RECUERDO.
¿EN SERIO? A TUS PADRES LES ENCANTABA, SEGÚN SÉ.
MUY BIEN, *¿AHORA* A DÓNDE?
DERECHO. POR ESE *CALLEJÓN.*
¿CÓMO SE DICE *CALLE* EN ITALIANO?
EEEH... *STRADA,* CREO.

SIN LUGAR A DUDAS, ESE SUEÑO TENÍA MUCHO QUE VER CON MAMÁ Y PAPÁ.
A VER, ¿CUÁNTOS AÑOS LLEVAN PERDIDOS?
DE VERDAD QUE CREÍA QUE ME HABÍA HECHO A LA IDEA DE QUE YA... NO EXISTEN.
SI REALMENTE LO CREYERAS...
...DUDO QUE TUVIESES UN COMPROMISO EN SERIO CON ESTA TAREA.
SI NO SIGUIERA TENIENDO VISIONES DE ELLOS... CREO QUE MI COMPROMISO SE HABRÍA DESVANECIDO HACE MUCHO TIEMPO.
TODO ESTO VA MÁS ALLÁ DE ENCONTRAR A JACOB Y A ELENA... AUNQUE SIGA SIENDO NUESTRA META DEFINITIVA.
SE TRATA DE LA LLAMADA A EXPLORAR CIERTAS FRONTERAS DE LA REALIDAD.
TUS PADRES TAMBIÉN SINTIERON ESA LLAMADA... TE UNE A ELLOS... AL IGUAL QUE ESTABAS UNIDA AL OSO DE TUS SUEÑOS.

HMMM.
PUEDE SER.

¿SEGUIMOS EN LA *STRADA* CORRECTA?
SÍ, CAPTO **ALGO** JUSTO AL GIRAR...
EEEH...

ADLEY, RETROCEDE LENTAMENTE...
Y...
¡CORRE!

DISCÚLPEME...

¿GERARDUS?
LAMENTO MOLESTARLA.
VEO QUE SE ENCUENTRA EN UNA INQUIETANTE SITUACIÓN.
PERO ¿TENDRÍA USTED UN TERRÓN DE AZÚCAR?
AL PARECER SE ME HAN TERMINADO, Y ME TEMO QUE ESTE MAROCCHINO NO ES LO MISMO SIN UN POCO DE... DULZURA.
¿ADLEY?
ADLEY, ¿ESTÁS BIEN?

ESTAMOS FUERA, ADLEY...
JEAN, ¿PUEDES SUBIR LAS LUCES?
BUENO...
QUÉ *INTERESANTE.*
TÓMATE UN MOMENTO PARA QUE SE AJUSTE TU MENTE...

ESTOY BIEN.
LOS PERROS HAN SIDO UN TOQUE MUY BUENO, JEAN.
¿EN SERIO? SE ME HA OCURRIDO ESCRIBIR ALGO DISTINTO ESTA VEZ... ¿OS HA GUSTADO *ITALIA?*
ESTAS SIMULACIONES DE PASEOS SON MUY ENTRETENIDAS, PERO... ***NECESITAMOS*** CONCENTRARNOS EN EL ENTRENAMIENTO DE ADLEY COMO NAVEGADORA ***REMOTA*** DE STADEN.
ESA ERA, ADEMÁS, LA ***RAZÓN*** DE ESTE PROYECTO.
CLARO... ABUELO.
PERO, EN ALGÚN MOMENTO, IRÉ AL *PUENTE* ***FÍSICAMENTE.*** DEBERÍA EMPEZAR A ENTRENAR CON ESO EN MENTE.
TIENE RAZÓN, MARTIN.

HAS ESCRITO A *GERARDUS* MUY ***VÍVIDAMENTE*** EN LA SIMULACIÓN, JEAN.
¿A QUÉ TE REFIERES? YO ***NO*** LO HE ESCRITO EN EL CÓDIGO.
AH... ES CIERTO. HE SENTIDO A ALGUIEN EN LA SALA, PERO NO HE VISTO BIEN QUIÉN... O QUÉ ERA.
JEAN, VAMOS, ***ERA*** GERARDUS.
HAS PASADO ***MUCHÍSIMAS*** HORAS EN LA SIMULACIÓN, ADLEY... SUPONGO QUE ESTÁS APRENDIENDO A MANIPULAR EL CÓDIGO ***INCONSCIENTEMENTE*** DE ALGÚN MODO.
"ES PROBABLE QUE LO QUE HAS VISTO SEA UN RECUERDO ***MATERIALIZADO...***"
"UNA ALUCINACIÓN..."
O TAL VEZ SIMPLEMENTE HEMOS LLEGADO A UN ***CALLEJÓN SIN SALIDA*** EN EL ENTRENAMIENTO.
ES DECIR, SI ERES CAPAZ DE ALTERAR EL CÓDIGO DE LA SIMULACIÓN INCONSCIENTEMENTE...
LA CONEXIÓN ***TELEPÁTICA*** ENTRE ADLEY Y YO PARECE ***INCREÍBLEMENTE*** ESTABLE.

NO SÉ... SIGO SIN ESTAR CONVENCIDO DE QUE ESTÉS LISTA.
MARTIN, PODEMOS ENTRENAR... INDEFINIDAMENTE. PERO LLEGADOS A CIERTO PUNTO...
SÍ...
A ESTAS ALTURAS, CLARAMENTE ESTAMOS PROLONGANDO LO INEVITABLE.
¿CÓMO LE VA A ISHIGURO CON EL DESARROLLO ARMAMENTÍSTICO? SERÍA BONITO ENTRAR CON ALGO MÁS QUE INTENCIONES AVENTURERAS.
ESTÁN COCINANDO UN ARSENAL MUY INTERESANTE.
LA PREGUNTA ES, ¿FUNCIONARÁ EN EL PUENTE?

JURO QUE ERA GERARDUS. NO ERA UN RECUERDO.
SI GERARDUS HA ENCONTRADO UN MODO DE PENETRAR EN NUESTRAS SIMULACIONES... NO TIENE MUCHO SENTIDO INSISTIR EN ENTRAR.
¿DE VERDAD CREES QUE ESTAMOS LISTOS?
SUPONGO QUE ESTAMOS A PUNTO DE DESCUBRIRLO.

5 LA PARTIDA

ADLEY...
TU PADRE Y YO...
TENEMOS QUE HACER UN LARGO VIAJE.

¿ADLEY?
¿S-SÍ?
¿ESTÁS BIEN?
MAMÁ Y PAPÁ SIGUEN CON VIDA, STADEN... EN ALGÚN LUGAR DENTRO DE ESE LABERINTO DEL PUENTE.
SI SON PRISIONEROS DEL TAL GERARDUS... LOS ENCONTRAREMOS.
Y LOS TRAEREMOS A CASA.

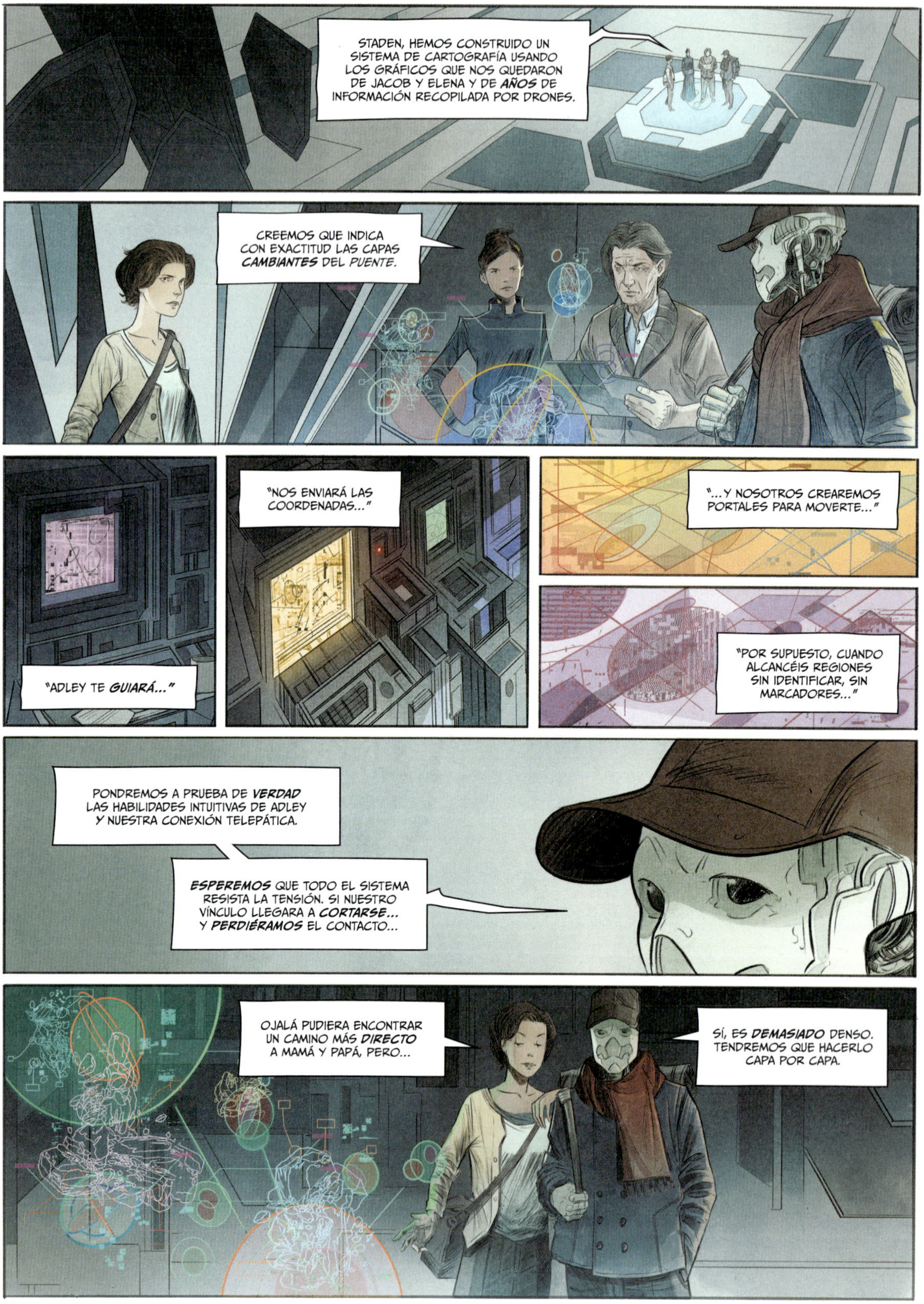

STADEN, HEMOS CONSTRUIDO UN SISTEMA DE CARTOGRAFÍA USANDO LOS GRÁFICOS QUE NOS QUEDARON DE JACOB Y ELENA Y DE **AÑOS** DE INFORMACIÓN RECOPILADA POR DRONES.
CREEMOS QUE INDICA CON EXACTITUD LAS CAPAS **CAMBIANTES** DEL *PUENTE*.
"ADLEY TE **GUIARÁ...**"
"NOS ENVIARÁ LAS COORDENADAS..."
"...Y NOSOTROS CREAREMOS PORTALES PARA MOVERTE..."
"POR SUPUESTO, CUANDO ALCANCÉIS REGIONES SIN IDENTIFICAR, SIN MARCADORES..."
PONDREMOS A PRUEBA DE **VERDAD** LAS HABILIDADES INTUITIVAS DE ADLEY **Y** NUESTRA CONEXIÓN TELEPÁTICA.
ESPEREMOS QUE TODO EL SISTEMA RESISTA LA TENSIÓN. SI NUESTRO VÍNCULO LLEGARA A **CORTARSE...** Y **PERDIÉRAMOS** EL CONTACTO...
OJALÁ PUDIERA ENCONTRAR UN CAMINO MÁS **DIRECTO** A MAMÁ Y PAPÁ, PERO...
SÍ, ES **DEMASIADO** DENSO. TENDREMOS QUE HACERLO CAPA POR CAPA.

RECUERDA... *PUEDE* QUE GERARDUS TENGA IA HOSTIL BAJO SUS ÓRDENES.
LAS COSAS *PUEDEN* COMPLICARSE, STADEN.
ADLEY, ES HORA. DIRÍGETE A TU SISTEMA DE NAVEGACIÓN.
BUENO, ES HORA.

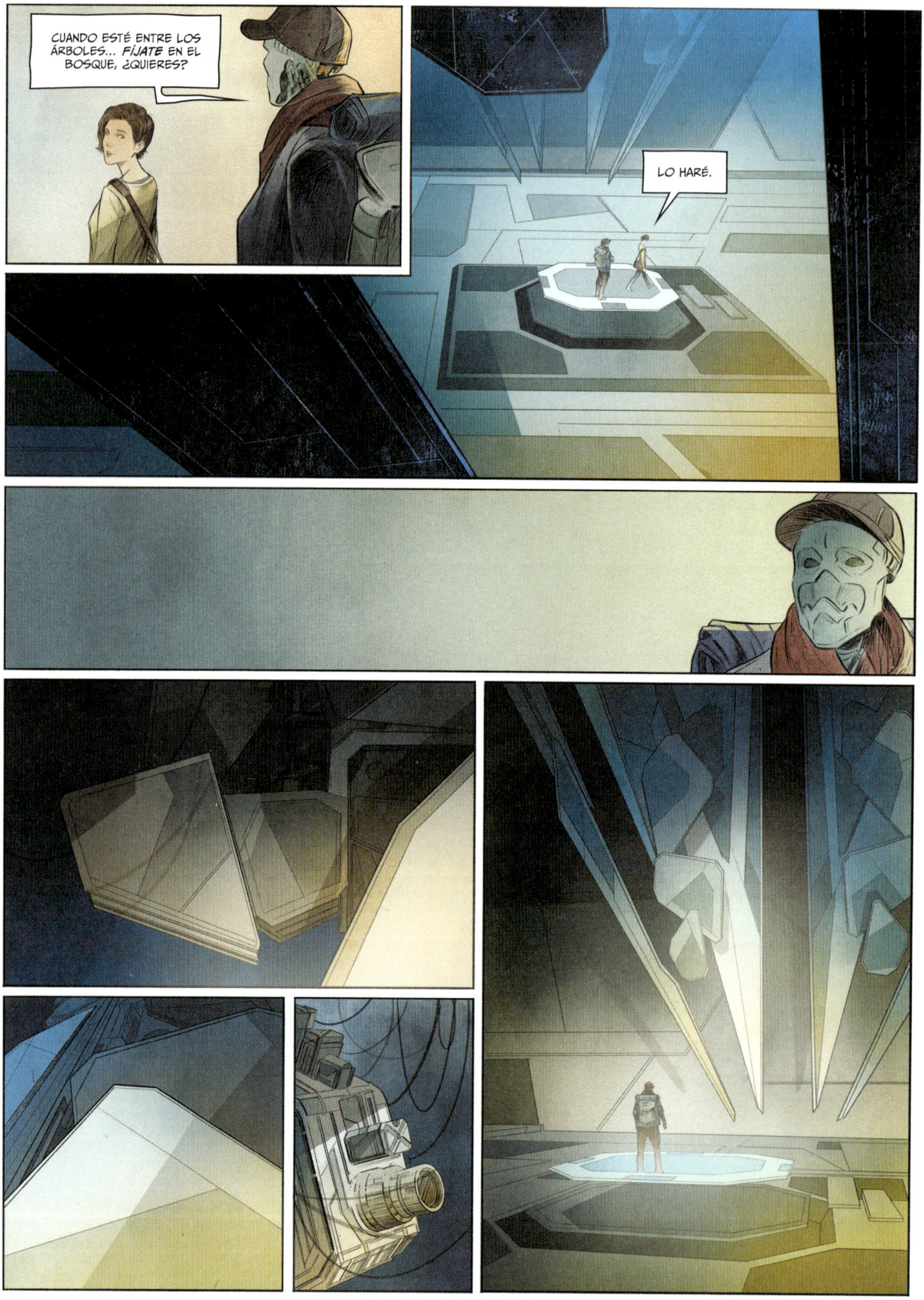
CUANDO ESTÉ ENTRE LOS ÁRBOLES... *FÍJATE* EN EL BOSQUE, ¿QUIERES?
LO HARÉ.

MARTIN... LOS *PLANISFERIOS* ESTÁN LISTOS.
¿STADEN TIENE LAS VÍAS *LIBRES?*
SÍ, LOS PORTALES ESTÁN CONFIGURADOS PARA EL *SEGUNDO* SECTOR.
ADLEY DETERMINARÁ UN PUNTO DE ACCESO *ESTABLE.*
COMENCEMOS LA *SECUENCIA.*
ISHIGURO... *¿LISTO?*
SISTEMAS ACTIVOS...
YA.

CONECTADOS Y LISTOS.
INICIANDO LA SECUENCIA UNO.
AGUARDANDO...

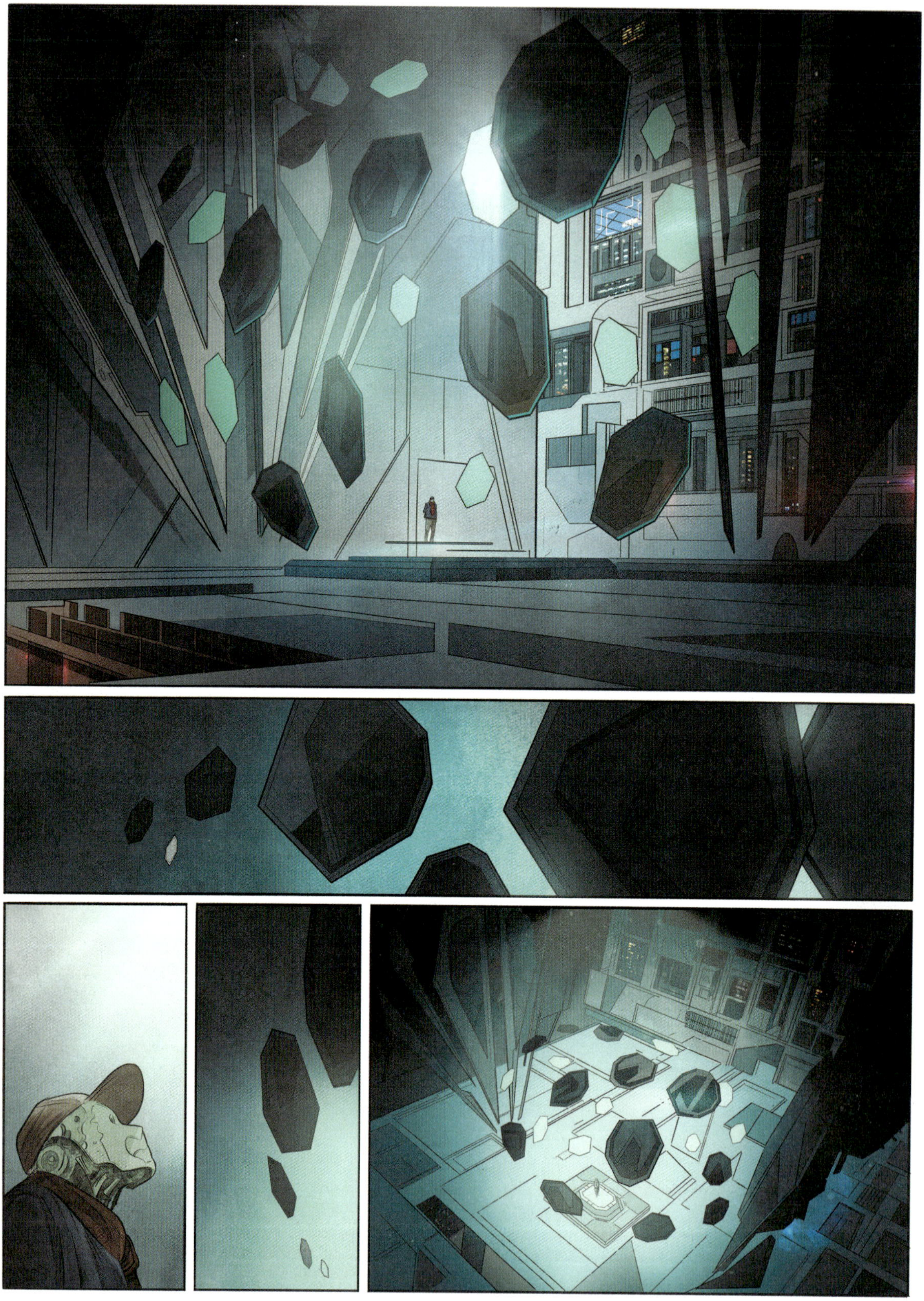

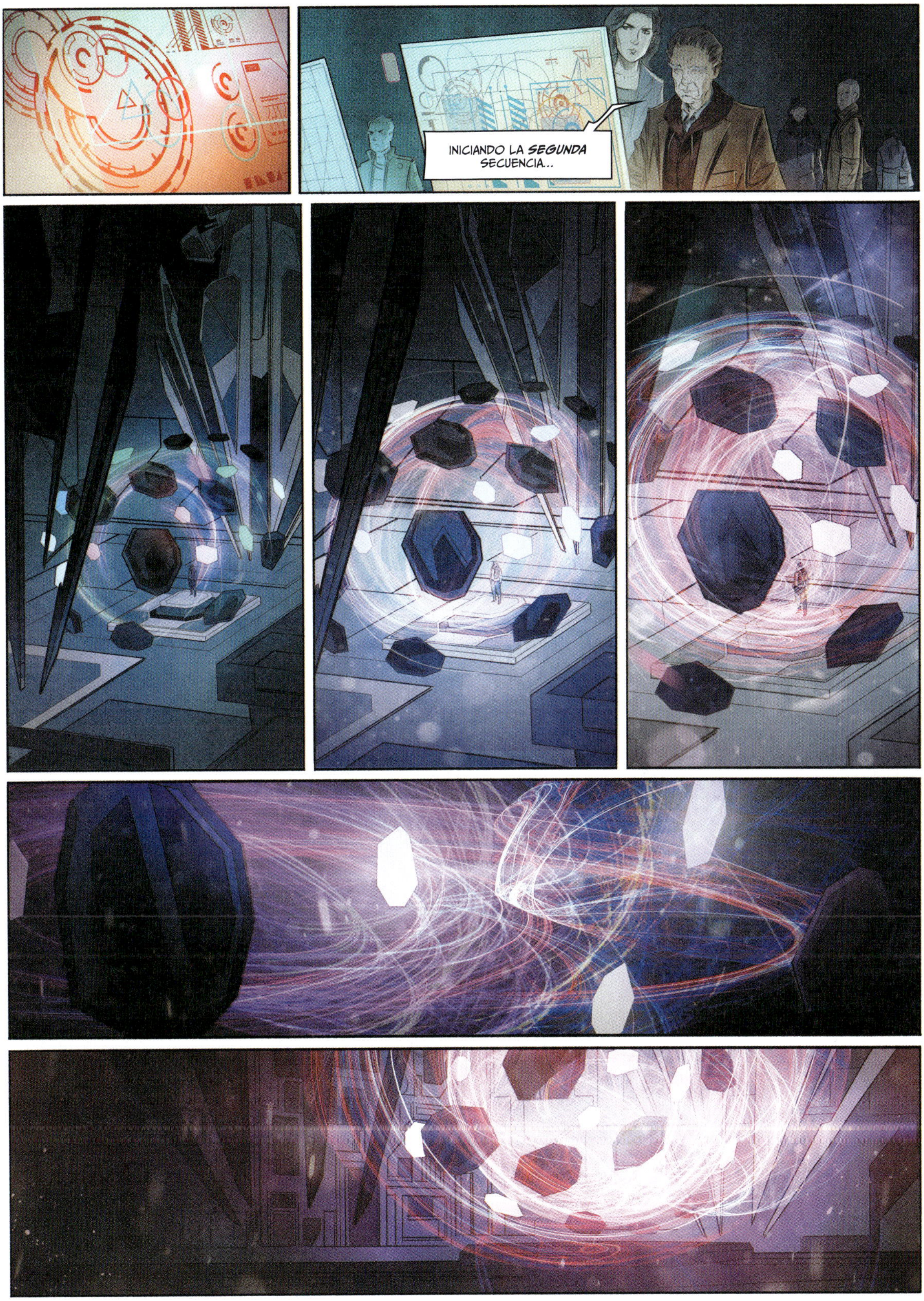
INICIANDO LA *SEGUNDA* SECUENCIA...

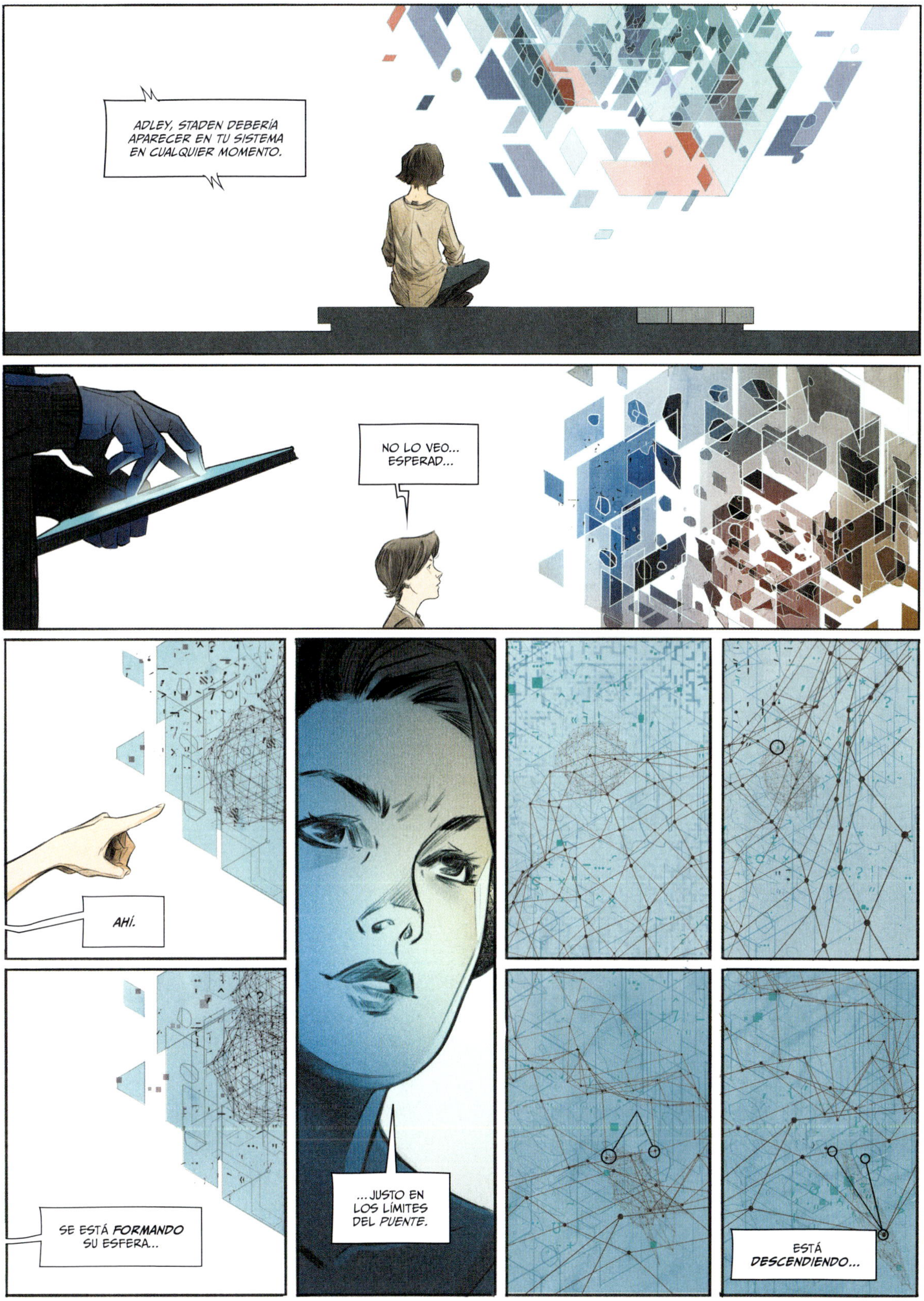
ADLEY, STADEN DEBERÍA APARECER EN TU SISTEMA EN CUALQUIER MOMENTO.
NO LO VEO... ESPERAD...
AHÍ.
SE ESTÁ **FORMANDO** SU ESFERA...
...JUSTO EN LOS LÍMITES DEL *PUENTE*.
ESTÁ **DESCENDIENDO**...

ADLEY... ME ENCUENTRO EN EL SEGUNDO SECTOR...
ESTE MAPA DEBE SER OBRA DE TUS PADRES.
ESTO ES INCREÍBLE.
BUSCANDO UN PUNTO DE ENTRADA ESTABLE.

LO TENGO. TERRENO ESTABLE EN L1890 Y L4578.9.
MARTIN, ¿ME RECIBES?
RECIBIDO. INGRESANDO COORDENADAS...
AHORA.

¿ME RECIBES, STADEN? ¿ESTÁS BIEN?

ESTOY EN UN SITIO... ¿UN PUEBLO?
CIELOS, ME VA A ESTALLAR LA MENTE.
NECESITO VOLVER A CONCENTRARME.
¿DÓNDE ESTAMOS?

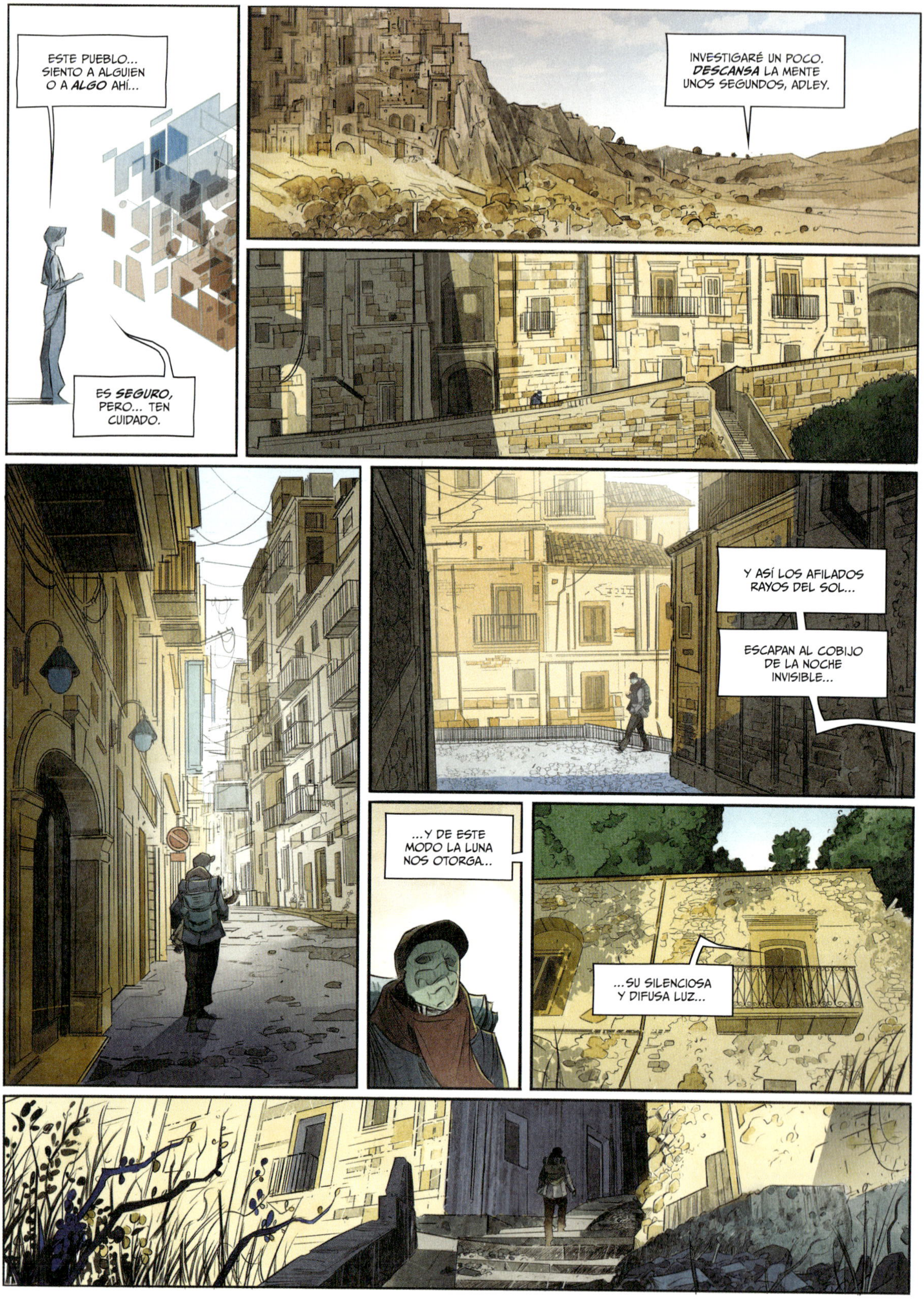
ESTE PUEBLO... SIENTO A ALGUIEN O A ALGO AHÍ...
ES SEGURO, PERO... TEN CUIDADO.
INVESTIGARÉ UN POCO. DESCANSA LA MENTE UNOS SEGUNDOS, ADLEY.
Y ASÍ LOS AFILADOS RAYOS DEL SOL...
ESCAPAN AL COBIJO DE LA NOCHE INVISIBLE...
...Y DE ESTE MODO LA LUNA NOS OTORGA...
...SU SILENCIOSA Y DIFUSA LUZ...

AH... AL PARECER TENEMOS UN NUEVO INVITADO.
HOLA, AMIGO MÍO... ¿QUÉ TE TRAE A NUESTRA POLVORIENTA VIVIENDA?

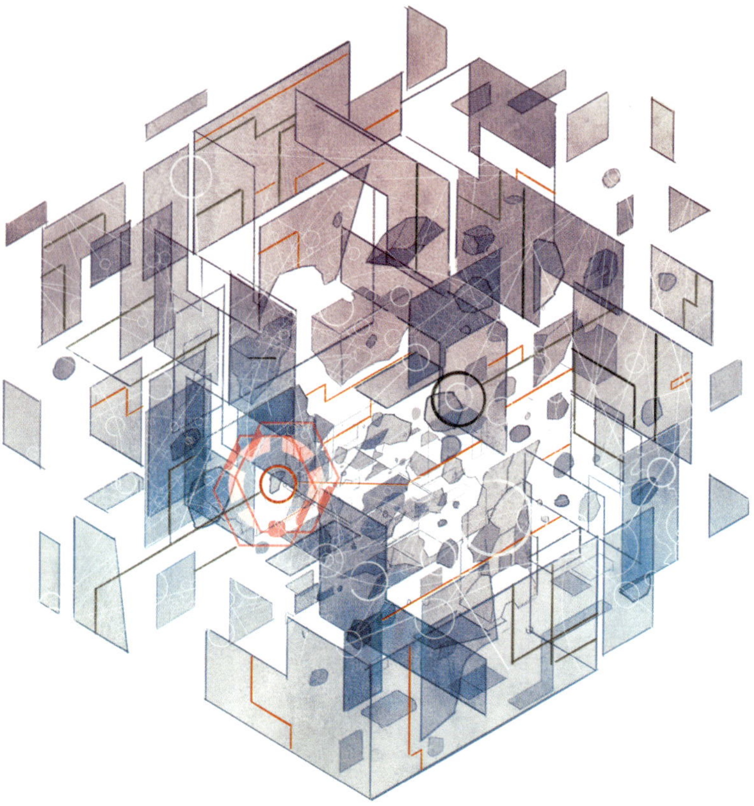

BIBLIOTECAS

6

STADEN, ESTÁ BIEN. PUEDES...
...DESACTIVAR LAS ARMAS.
DEBES HABERME ESCUCHADO MIENTRAS LE LEÍA UNOS VERSOS A MI CURIOSO AMIGO.
PERO ESTOY SEGURO DE QUE NO ES LA POESÍA LA QUE TE HA TRAÍDO AQUÍ.
¿QUIÉN ERES?
STADEN... SOY PARTE DE UN EQUIPO DE EXPLORADORES... QUE INTENTA HALLAR A DOS COLEGAS PERDIDOS. ¿Y TÚ?
THADDEUS... FUI UN DRON DE EXPLORACIÓN... POSIBLEMENTE DE UN GRUPO SIMILAR AL TUYO. ME TEMO QUE PERDÍ EL CONTACTO CON ELLOS HACE MUCHO TIEMPO.
MI ACTUAL LUGAR DE RESIDENCIA ES ESTE.
¿DE QUÉ MODELO Y VERSIÓN SON TUS AMIGOS PERDIDOS?
NO SON IA, SON... HUMANOS.
¡¿HUMANOS?! JAMÁS HE VISTO A UN HUMANO VIVO. AQUÍ NO.
SIN EMBARGO... CONOZCO A UNA IA LLAMADA DUTOIS... UNA ESPECIE DE INVESTIGADOR... QUE DOCUMENTA TODOS LOS RINCONES OCULTOS DE ESTE MUNDO.

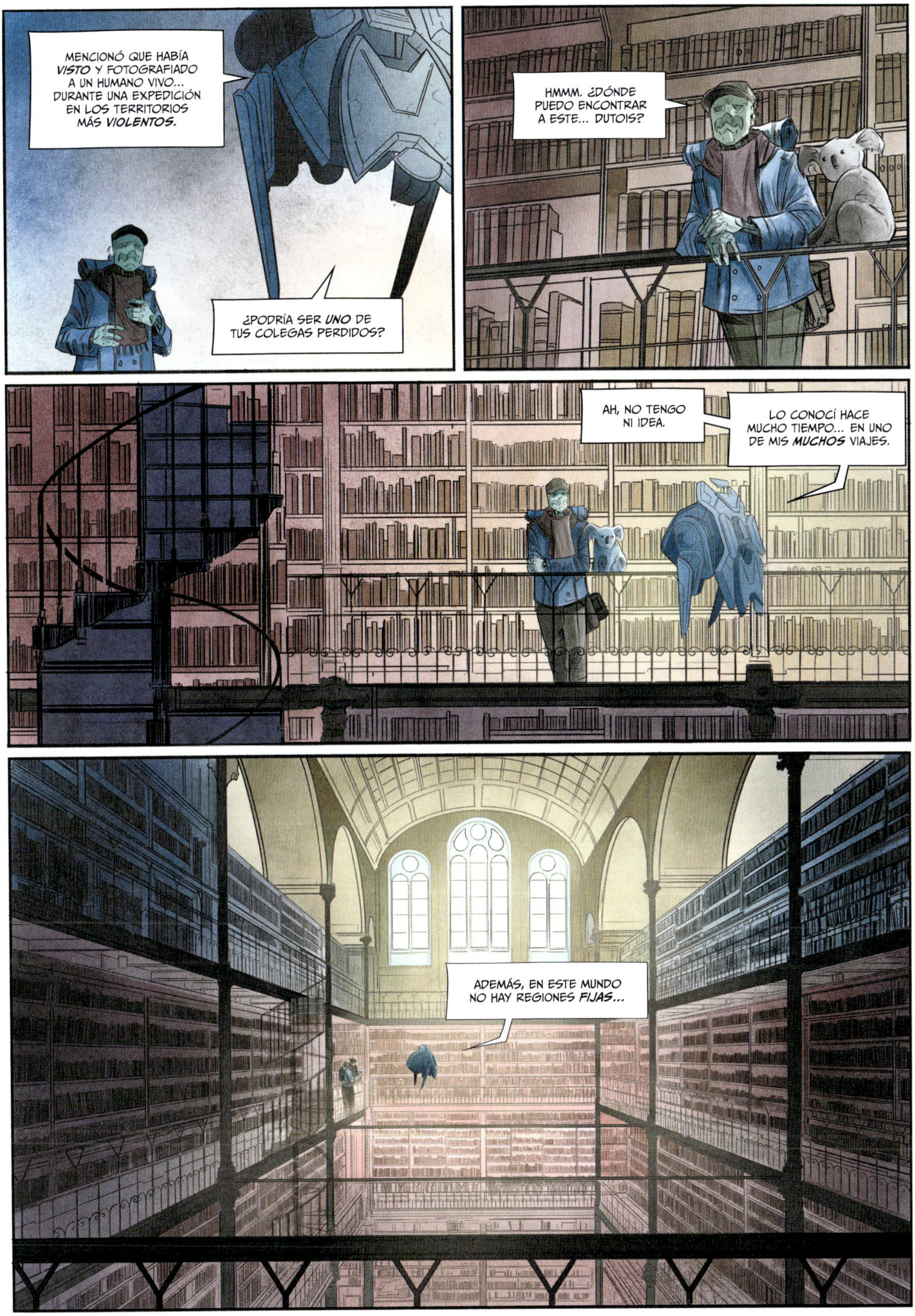
MENCIONÓ QUE HABÍA *VISTO* Y FOTOGRAFIADO A UN HUMANO VIVO... DURANTE UNA EXPEDICIÓN EN LOS TERRITORIOS MÁS *VIOLENTOS.*
¿PODRÍA SER *UNO* DE TUS COLEGAS PERDIDOS?
HMMM. ¿DÓNDE PUEDO ENCONTRAR A ESTE... DUTOIS?
AH, NO TENGO NI IDEA.
LO CONOCÍ HACE MUCHO TIEMPO... EN UNO DE MIS *MUCHOS* VIAJES.
ADEMÁS, EN ESTE MUNDO NO HAY REGIONES *FIJAS...*

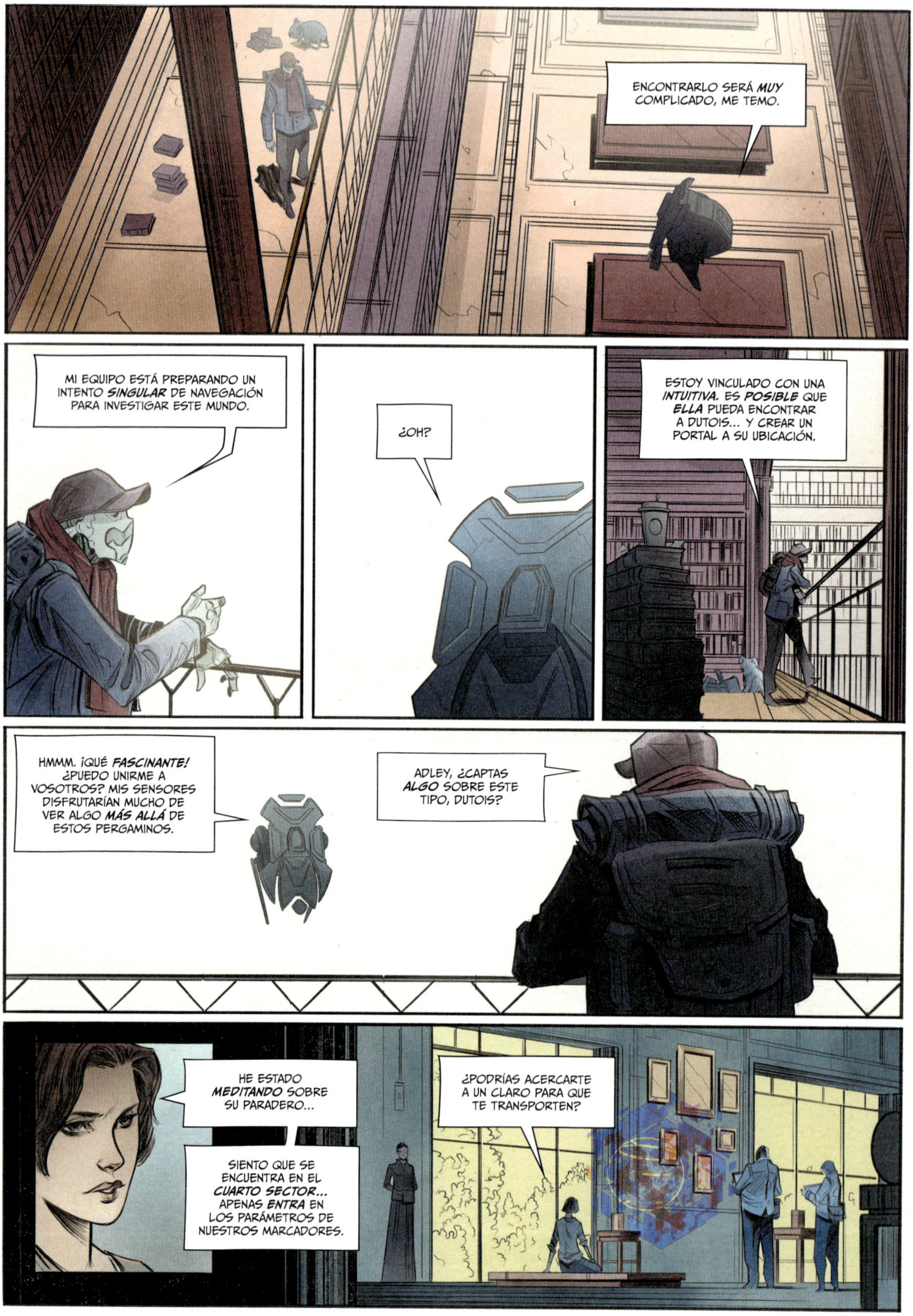
ENCONTRARLO SERÁ MUY COMPLICADO, ME TEMO.
MI EQUIPO ESTÁ PREPARANDO UN INTENTO SINGULAR DE NAVEGACIÓN PARA INVESTIGAR ESTE MUNDO.
¿OH?
ESTOY VINCULADO CON UNA INTUITIVA. ES POSIBLE QUE ELLA PUEDA ENCONTRAR A DUTOIS... Y CREAR UN PORTAL A SU UBICACIÓN.
HMMM. ¡QUÉ FASCINANTE! ¿PUEDO UNIRME A VOSOTROS? MIS SENSORES DISFRUTARÍAN MUCHO DE VER ALGO MÁS ALLÁ DE ESTOS PERGAMINOS.
ADLEY, ¿CAPTAS ALGO SOBRE ESTE TIPO, DUTOIS?
HE ESTADO MEDITANDO SOBRE SU PARADERO...
SIENTO QUE SE ENCUENTRA EN EL CUARTO SECTOR... APENAS ENTRA EN LOS PARÁMETROS DE NUESTROS MARCADORES.
¿PODRÍAS ACERCARTE A UN CLARO PARA QUE TE TRANSPORTEN?

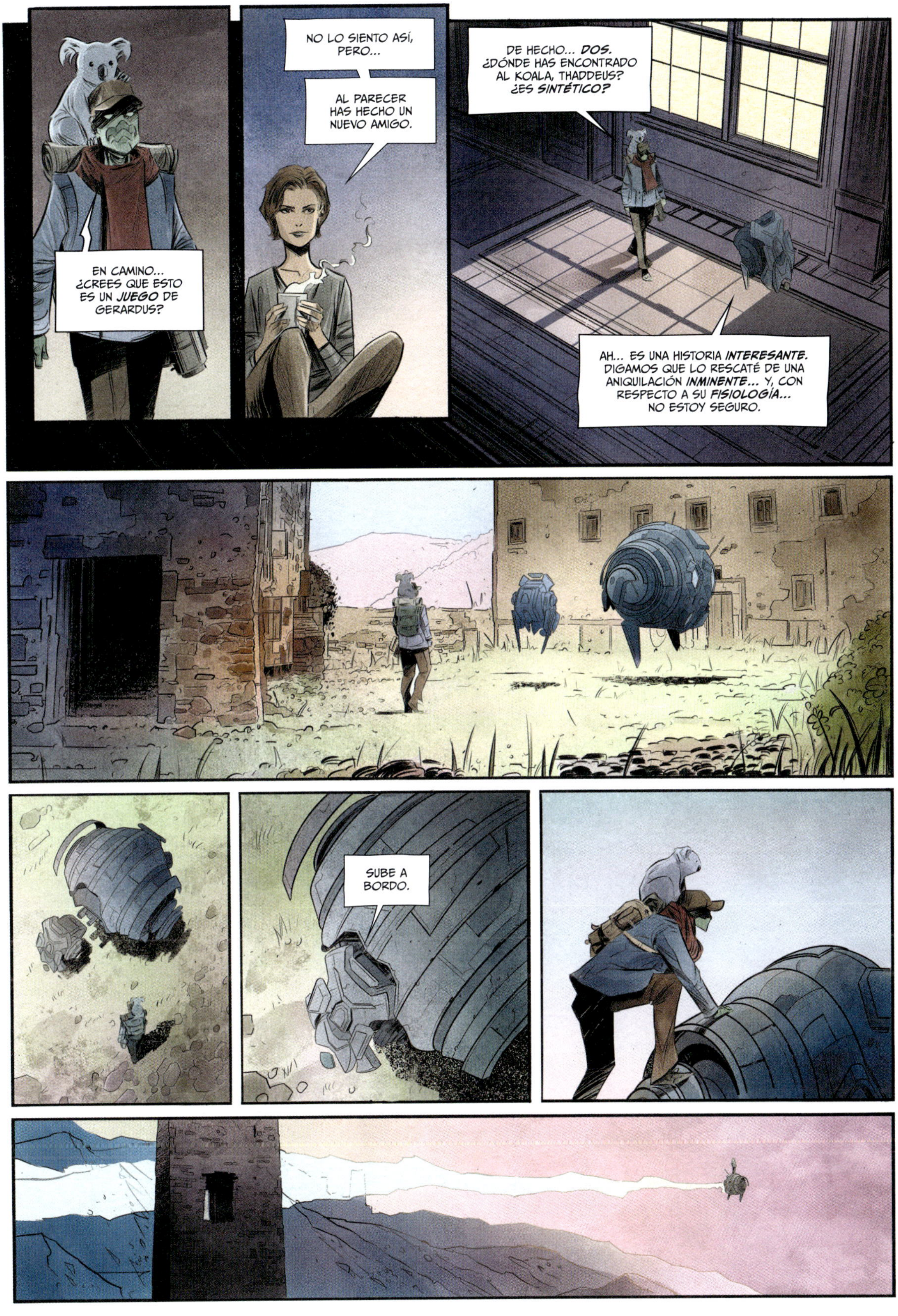
EN CAMINO... ¿CREES QUE ESTO ES UN JUEGO DE GERARDUS?
NO LO SIENTO ASÍ, PERO...
AL PARECER HAS HECHO UN NUEVO AMIGO.
DE HECHO... DOS. ¿DÓNDE HAS ENCONTRADO AL KOALA, THADDEUS? ¿ES SINTÉTICO?
AH... ES UNA HISTORIA INTERESANTE. DIGAMOS QUE LO RESCATÉ DE UNA ANIQUILACIÓN INMINENTE... Y, CON RESPECTO A SU FISIOLOGÍA... NO ESTOY SEGURO.
SUBE A BORDO.

STADEN, PORTAL ACTIVO. PREPÁRATE PARA LAS COORDENADAS DEL TRAYECTO.
PORTAL A LA VISTA. THADDEUS, SIGUE MI TELEMETRÍA.

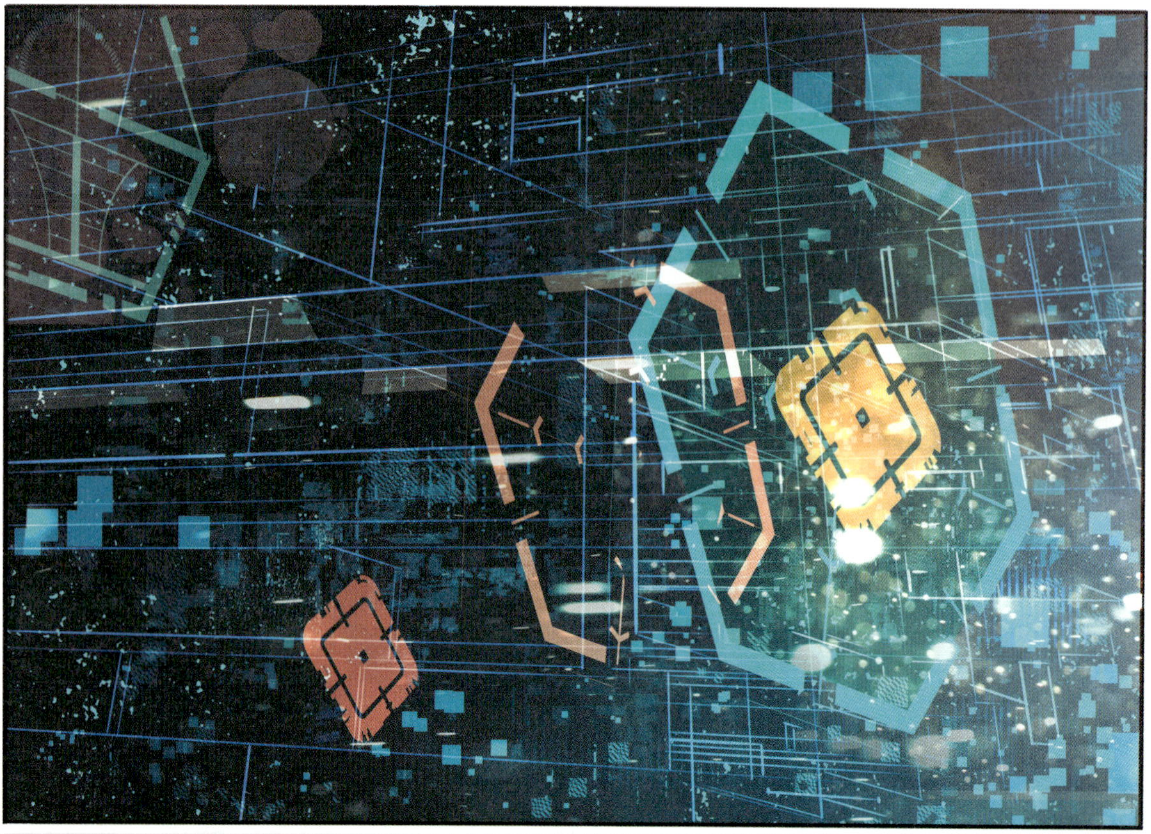
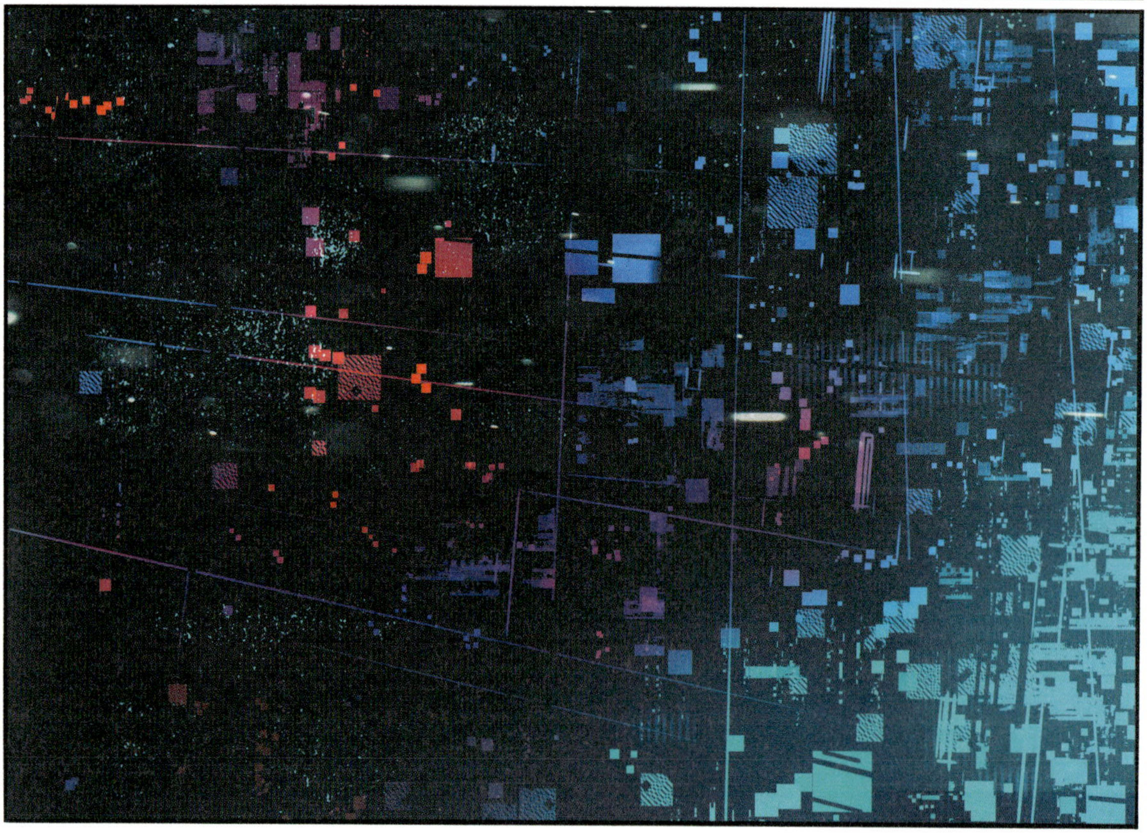

7 EL FOTÓGRAFO

HEMOS PERDIDO EL CONTACTO CON STADEN... SE ENCUENTRA EN UNA ZONA MUERTA... CON MUCHO SILENCIO.
YA EMERGERÁ POR EL OTRO LADO.
EN MEDIO DEL *CUARTO* SECTOR.

¡ACABAMOS DE ATRAVESAR EL PORTAL, ADLEY! NOS DIRIGIMOS A UNA CIUDAD MUY *INTERESANTE*...

ESPERA,
HAY ALGO...
!
¡STADEN, LO HAS
CONSEGUIDO!
MUY BIEN,
ESTABLECE LAS
COORDENADAS
PARA...

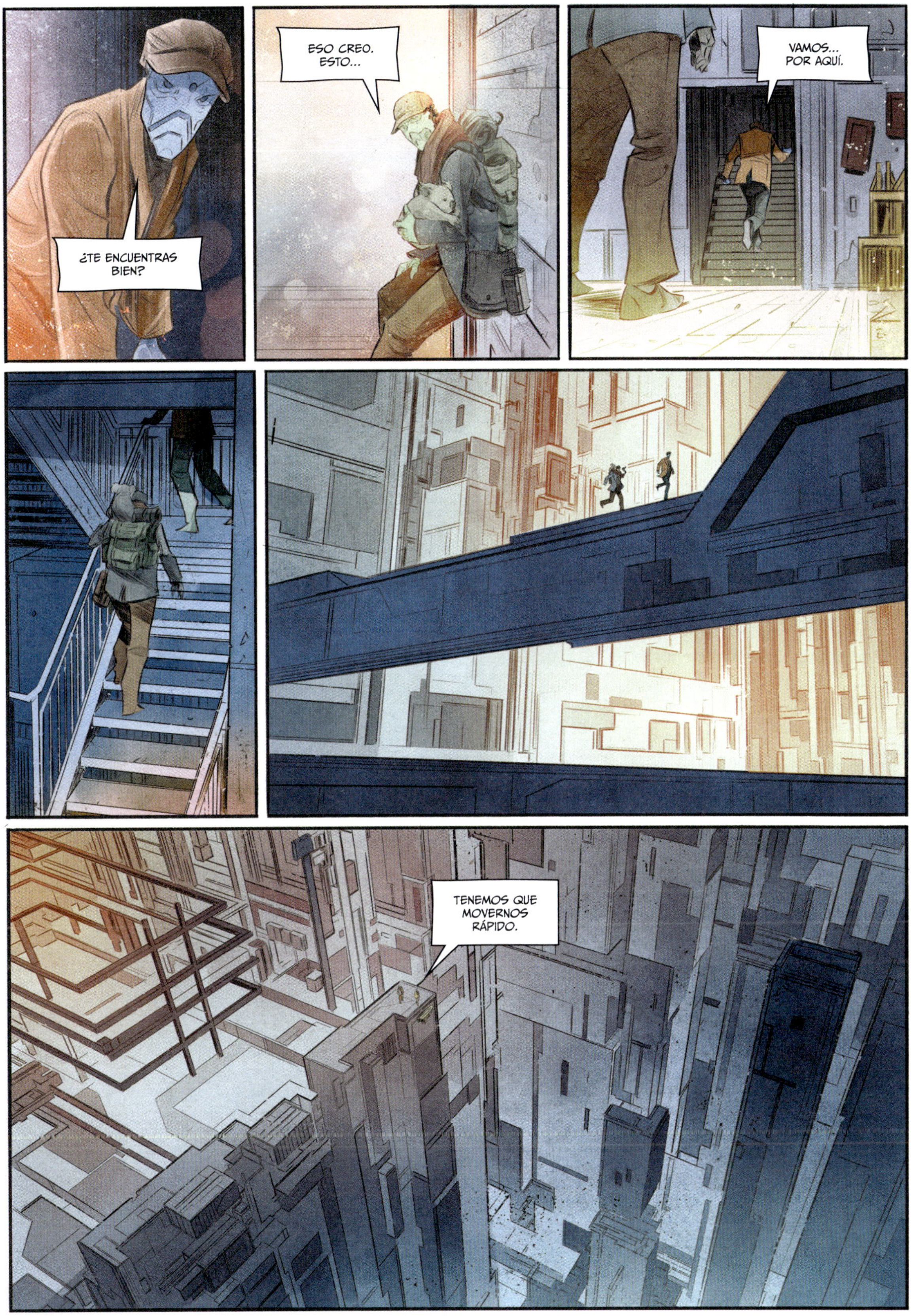
¿TE ENCUENTRAS BIEN?
ESO CREO. ESTO...
VAMOS... POR AQUÍ.
TENEMOS QUE MOVERNOS RÁPIDO.

NOS VAN A RASTREAR.
¿QUIÉNES SON, EXACTAMENTE...?
UN MOMENTO.

¡STADEN! DIOS MÍO, ¿ESTÁS BIEN?!
¿QUÉ HA SIDO ESO?
ESTOY BIEN. HE ESCAPADO POR MUY POCO. ME HA RESCATADO... ¿ALGUIEN?
SIENTO A THADDEUS...
LO HEMOS PERDIDO. ME PREGUNTO SI SE PODRÁ RESCATAR ALGO.
SE ESTÁN MOVIENDO MÁS ALLÁ DEL CUARTO SECTOR.
OJALÁ PUDIERAS VER ESTO, ADLEY...

ES NOTABLE.

AMIGO MÍO... PARECE QUE HAS RECIBIDO UN...
IMPACTO.
YO...

OH, CIELOS... SU CORAZA CRANEANA SE HA DERRETIDO *POR COMPLETO.*
PODRÍA RECONSTRUIRLA CON LAS PARTES QUE ENCONTRASTE.
ALCÁNZAME ESOS CIRCUITOS B32, ¿QUIERES...?
REALIZANDO DIAGNÓSTICO. REINICIANDO...
¿STADEN?
¿STADEN? ¿SIGUES AHÍ?
¡STADEN!
ADLEY. AQUÍ ESTOY. EEEH... DAME UN SEGUNDO.
¿TE GUSTA TU NUEVA *PINTA?*

TE ACOSTUMBRARÁS AL *NUEVO* ROSTRO. HEMOS INTENTADO RESCATAR TU CORAZA, PERO... ESTABA ***MÁS ALLÁ*** DE CUALQUIER REPARACIÓN.
COMPRENDO...
VAMOS... TE PRESENTARÉ AL CAPITÁN.

EL CHAVAL HA DESPERTADO.
HA RECIBIDO UNA PALIZA... PERO PARECE ESTAR BIEN.
DEBERÍAS VIAJAR CON MÁS CUIDADO, AMIGO MÍO.
QUÉ SUERTE QUE ARNO TE ESTUVIERA RASTREANDO... Y QUE HAYA RECONOCIDO A THADDEUS, NUESTRO VIEJO AMIGO.
SOY DUTOIS. HEMOS ANALIZADO TUS BANCOS DE MEMORIA... AL PARECER ME ESTABAS BUSCANDO... Y A ALGUIEN MÁS.
ES VERDAD... ASÍ ES.

8 EL HORIZONTE OBLICUO

SAQUÉ LA IMAGEN EN UNA DE LAS REGIONES MÁS *DENSAS*...
PARECE UN NIÑO HUMANO.
¿TU EQUIPO YA SE HA REUNIDO?
ADLEY, ¿ESTÁIS TODOS AHÍ...?
LISTOS, STADEN.

TRANSMITIENDO TUS PALABRAS EN DIRECTO.
STADEN ME HA PUESTO AL TANTO DE VUESTRA SITUACIÓN. HACE MUCHO TIEMPO QUE NO HABLO CON NADIE FUERA DE ESTE ESPACIO.
LA CONEXIÓN DE COMUNICACIÓN PSÍQUICA QUE HABÉIS CONSTRUIDO ES... ¡BRILLANTE!
EL PUENTE, COMO LO LLAMÁIS, ES UNA DE MUCHAS REALIDADES. SERES DE IA SE AVENTURARON AQUÍ DESDE MILES DE DIMENSIONES.
YO MISMO LLEGUÉ HACE EONES. MI ORIGEN DIMENSIONAL... ESTÁ UN POCO NEBULOSO. RECUERDO...
"...UNA ESTACIÓN DE INVESTIGACIÓN FRÍA, Y LUEGO..."
"...UN LABORATORIO EN UN VASTO DESIERTO."
"FINALMENTE, UNA CIUDAD OCULTA... DONDE CRUCÉ UN PORTAL HACIA ESTE MUNDO."

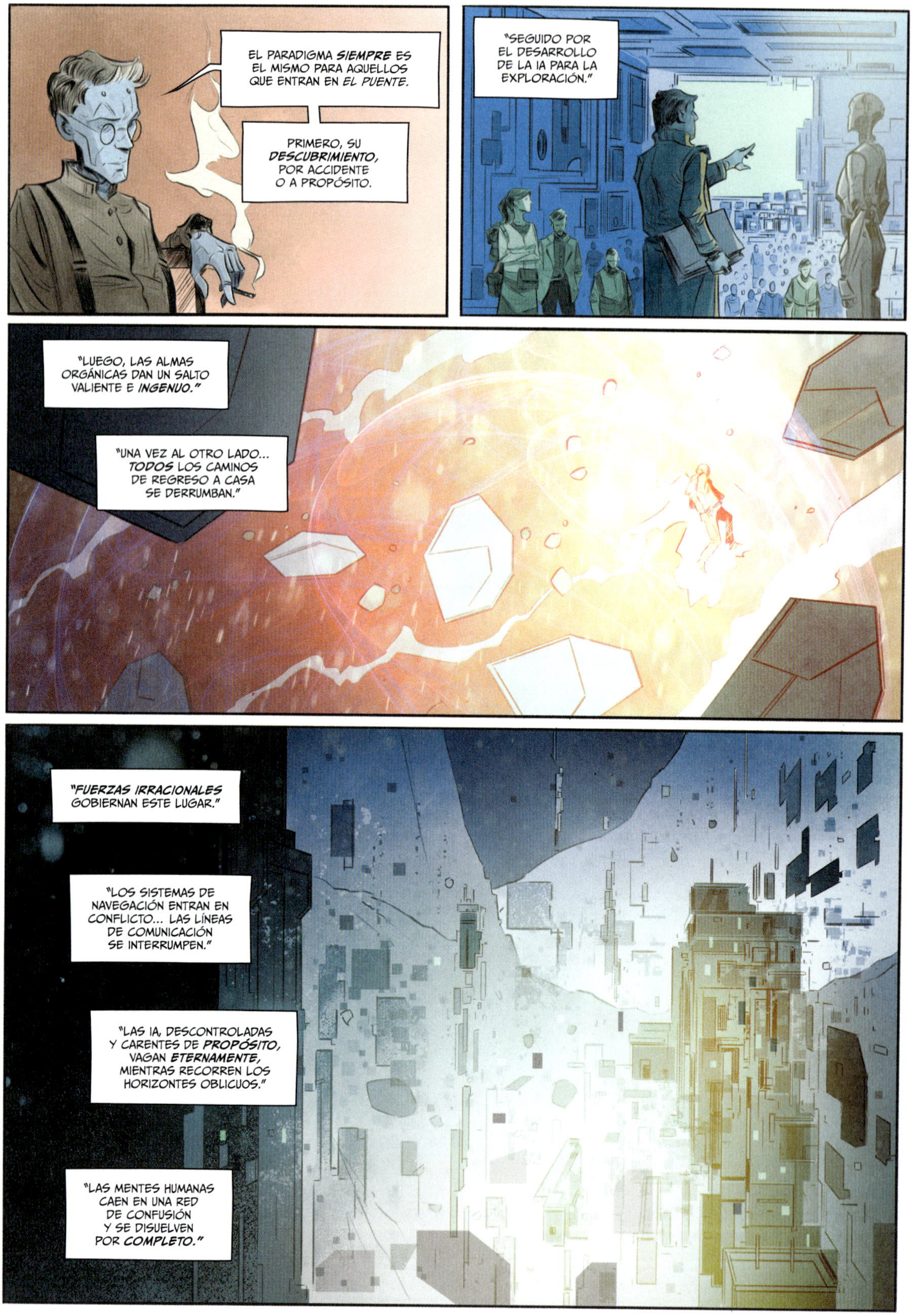
EL PARADIGMA SIEMPRE ES EL MISMO PARA AQUELLOS QUE ENTRAN EN EL PUENTE.
PRIMERO, SU DESCUBRIMIENTO, POR ACCIDENTE O A PROPÓSITO.
"SEGUIDO POR EL DESARROLLO DE LA IA PARA LA EXPLORACIÓN."
"LUEGO, LAS ALMAS ORGÁNICAS DAN UN SALTO VALIENTE E INGENUO."
"UNA VEZ AL OTRO LADO... TODOS LOS CAMINOS DE REGRESO A CASA SE DERRUMBAN."
"FUERZAS IRRACIONALES GOBIERNAN ESTE LUGAR."
"LOS SISTEMAS DE NAVEGACIÓN ENTRAN EN CONFLICTO... LAS LÍNEAS DE COMUNICACIÓN SE INTERRUMPEN."
"LAS IA, DESCONTROLADAS Y CARENTES DE PROPÓSITO, VAGAN ETERNAMENTE, MIENTRAS RECORREN LOS HORIZONTES OBLICUOS."
"LAS MENTES HUMANAS CAEN EN UNA RED DE CONFUSIÓN Y SE DISUELVEN POR COMPLETO."

"LOS POCOS QUE ENCUENTRAN UN CAMINO DE REGRESO..."
"...JAMÁS LO HACEN INTACTOS."
ESTE NIÑO... ¿CÓMO HA *SOBREVIVIDO?*
¿DÓNDE LO VISTEIS?
EN UNA NECIA EXPEDICIÓN... EN UNA REGIÓN MUY *OBTUSA.*
DI CON UNA ARQUITECTURA EXTRAÑAMENTE *ORQUESTADA.* EN UNA VENTANA... ESTABA ESE NIÑO.
EL EDIFICIO DESAPARECIÓ NI BIEN LO FOTOGRAFIÉ. NUNCA VOLVÍ A VER NI AL NIÑO NI A LA ESTRUCTURA.
"SI REALMENTE ES *HUMANO,* QUIZÁS ENCONTRÓ UN CAMINO PARA CRUZAR *EL PUENTE* SIN QUE SE LE DISOLVIERA LA CONSCIENCIA."
"SI PODÉIS ENCONTRARLO, PODRÍA RESULTAR INVALUABLE PARA LOCALIZAR A VUESTROS CARTÓGRAFOS EXTRAVIADOS."

Y, CON RESPECTO AL TAL GERARDUS... NUNCA ME LO HE CRUZADO. ES CIERTAMENTE POSIBLE QUE LOS TENGA CAUTIVOS A TODOS.
SI ADLEY CONSIGUE RASTREAR AL NIÑO, PODRÍAMOS ESTABLECER UN CAMINO ESTABLE PARA EXTRAERLOS. SIN DUDA, ES UN TERRENO EXTREMADAMENTE CAÓTICO.
TENDRÍAMOS QUE MOVERNOS RÁPIDO...
PERO SI ENTRÁIS, SERÁ POR VUESTRA CUENTA Y RIESGO.
LO ENCONTRARÉ. ES UN ENREDO NEBULOSO DE CARRETERAS INUSUALES... PERO... SIENTO UN PUNTO FIJO. ES SOLO CUESTIÓN DE ACERCAROS ENTEROS.

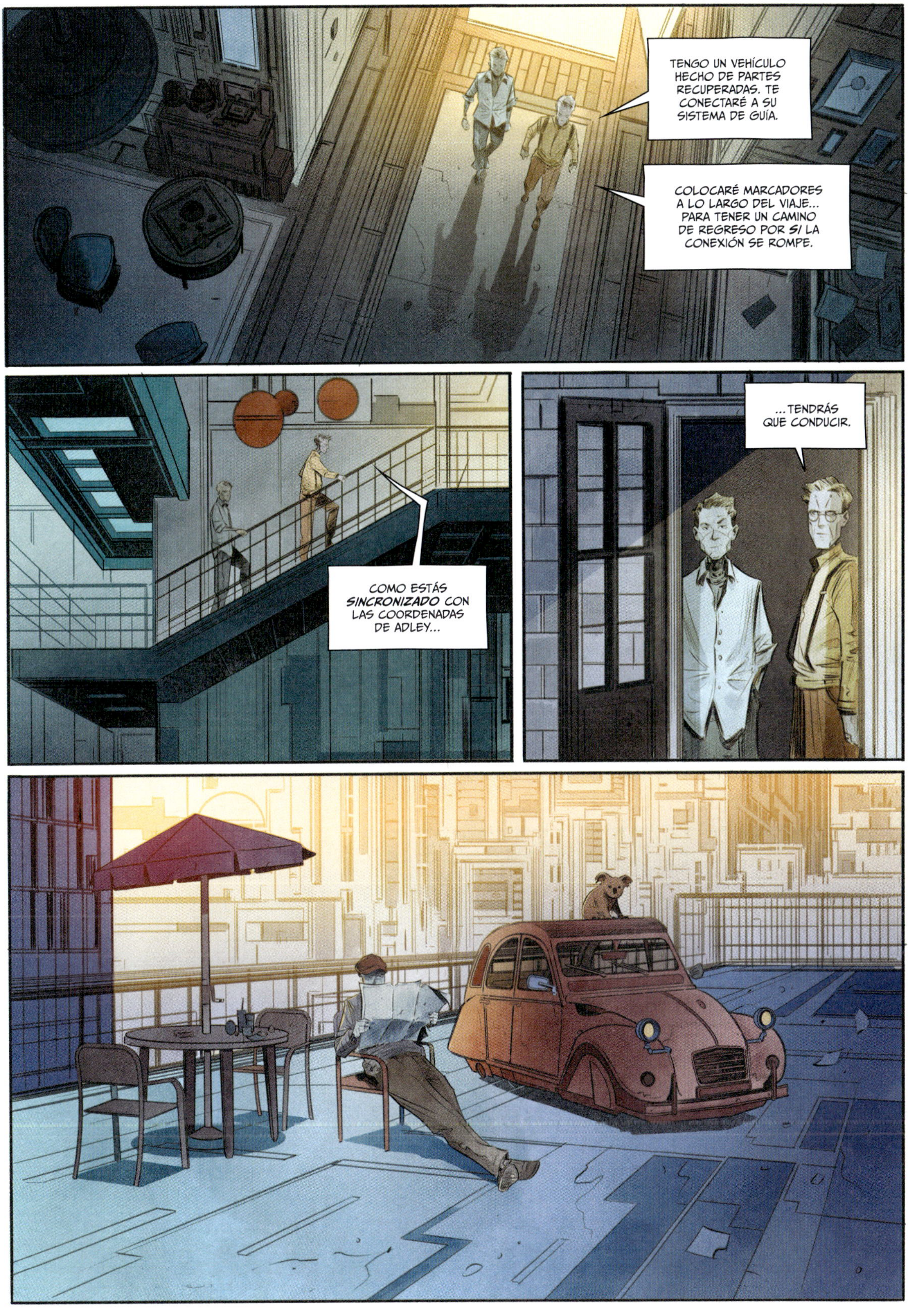
TENGO UN VEHÍCULO HECHO DE PARTES RECUPERADAS. TE CONECTARÉ A SU SISTEMA DE GUÍA.
COLOCARÉ MARCADORES A LO LARGO DEL VIAJE... PARA TENER UN CAMINO DE REGRESO POR *SI* LA CONEXIÓN SE ROMPE.
COMO ESTÁS ***SINCRONIZADO*** CON LAS COORDENADAS DE ADLEY...
...TENDRÁS QUE CONDUCIR.

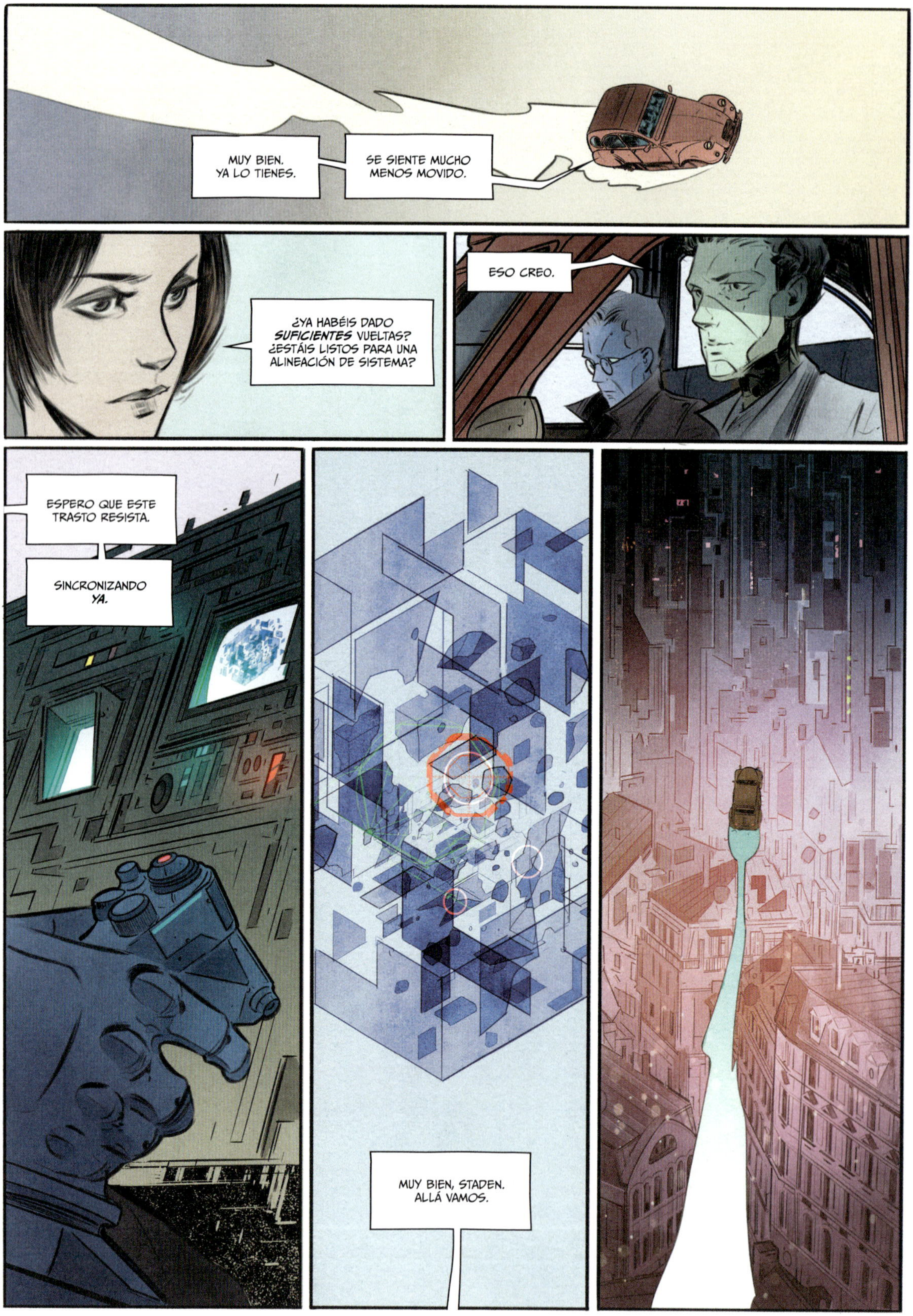
MUY BIEN.
YA LO TIENES.
SE SIENTE MUCHO MENOS MOVIDO.
¿YA HABÉIS DADO **SUFICIENTES** VUELTAS? ¿ESTÁIS LISTOS PARA UNA ALINEACIÓN DE SISTEMA?
ESO CREO.
ESPERO QUE ESTE TRASTO RESISTA.
SINCRONIZANDO *YA*.
MUY BIEN, STADEN. ALLÁ VAMOS.

SÍGUEME...

9 UN TERRENO SUTIL

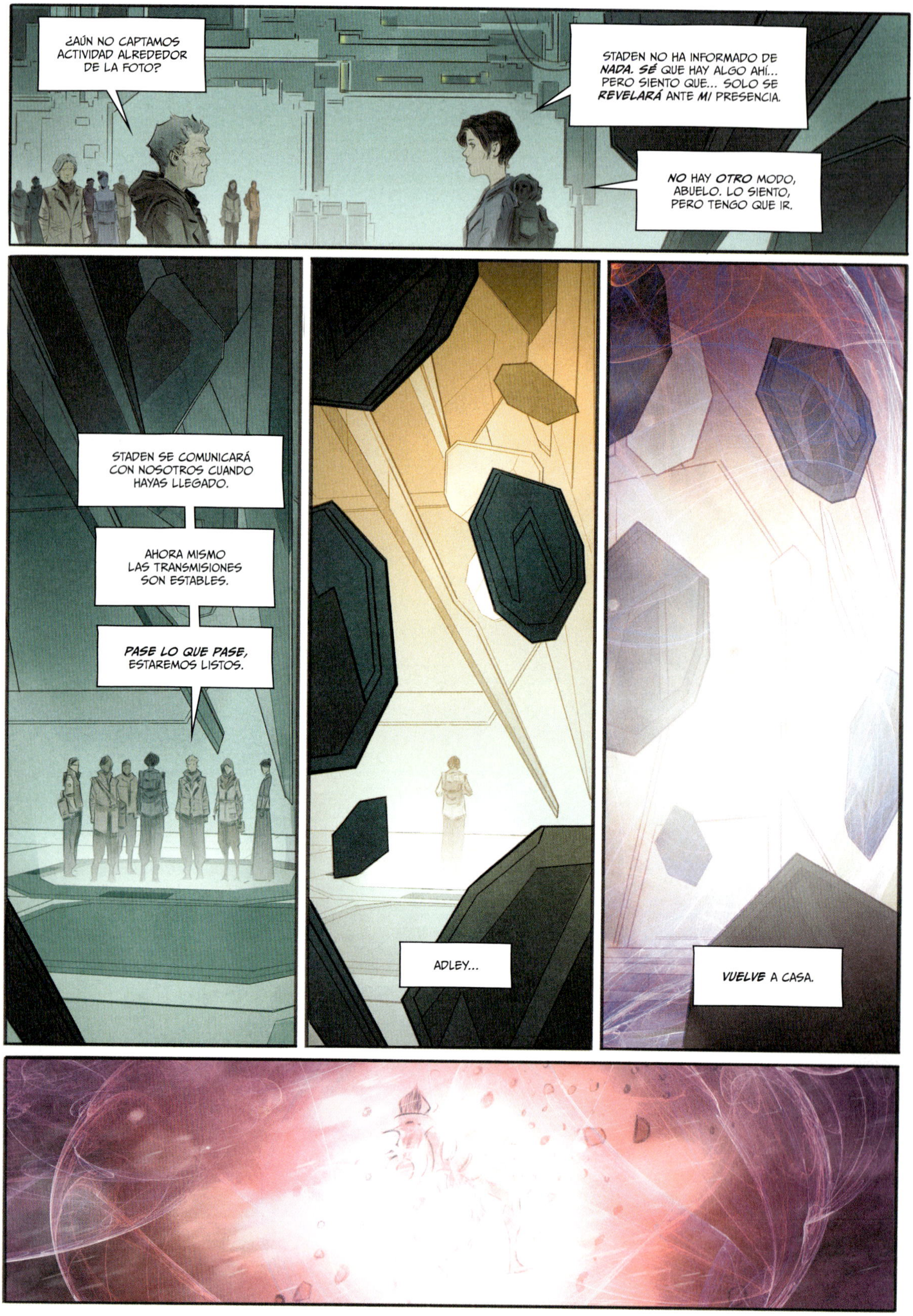
¿AÚN NO CAPTAMOS ACTIVIDAD ALREDEDOR DE LA FOTO?
STADEN NO HA INFORMADO DE NADA. SÉ QUE HAY ALGO AHÍ... PERO SIENTO QUE... SOLO SE REVELARÁ ANTE MI PRESENCIA.
NO HAY OTRO MODO, ABUELO. LO SIENTO, PERO TENGO QUE IR.
STADEN SE COMUNICARÁ CON NOSOTROS CUANDO HAYAS LLEGADO.
AHORA MISMO LAS TRANSMISIONES SON ESTABLES.
PASE LO QUE PASE, ESTAREMOS LISTOS.
ADLEY...
VUELVE A CASA.

SÉ QUE ES DIFÍCIL DE COMPRENDER, ADLEY.
TUS PADRES TAMBIÉN TENÍAN PODEROSOS DONES DE CLARIVIDENCIA...
SE SINTIERON ATRAÍDOS A DESCUBRIR UNA NUEVA REALIDAD... PARA TODOS NOSOTROS.
ADLEY... ¿CUÁL ES EL PROPÓSITO DE UN ENTIERRO?
"ESTAS SIMULACIONES VAN A SOLDAR VUESTRAS MENTES..."
"...HASTA QUE SE CONVIERTAN EN UNA SOLA CONSCIENCIA."
"PRIMERO, VAIS A COMPARTIR PENSAMIENTOS. Y, CON EL TIEMPO... LA VISIÓN."

¿STADEN?

ALGO DEBE HABER PERCIBIDO TU LLEGADA, ADLEY.
EL EDIFICIO SE HA FORMADO ALREDEDOR DE LA FOTO.
STADEN, PASE LO QUE PASE...
PUEDE QUE TENGAMOS POCO TIEMPO... ATRAVIESA LA PUERTA. YO LO ESCUCHARÉ TODO.
NO PIERDAS LA CONCENTRACIÓN. TODO SALDRÁ BIEN.

BUENO... *AQUÍ* ESTAMOS.
SEGÚN *NUESTROS* CÁLCULOS, TU LLEGADA ERA *INMINENTE.*
¿QUIÉN ERES?
SABÍAMOS QUE NOS ENCONTRARÍAS. TU PROGRESO *PSÍQUICO* HA SIDO VIGILADO CON CUIDADO.
HA SUPERADO NUESTRAS EXPECTATIVAS.
ESCONDIMOS MUCHOS DETALLES EN TU MENTE.
TE GUIAMOS CON PISTAS *SUTILES.*
NO PODÍAMOS REVELARTE *TODO* EL JUEGO, ¿NO?

TE ESTARÁS PREGUNTANDO QUIÉN SOY. Y QUÉ ES ESTA CURIOSA COSTA EN LA QUE HAS ATERRIZADO.

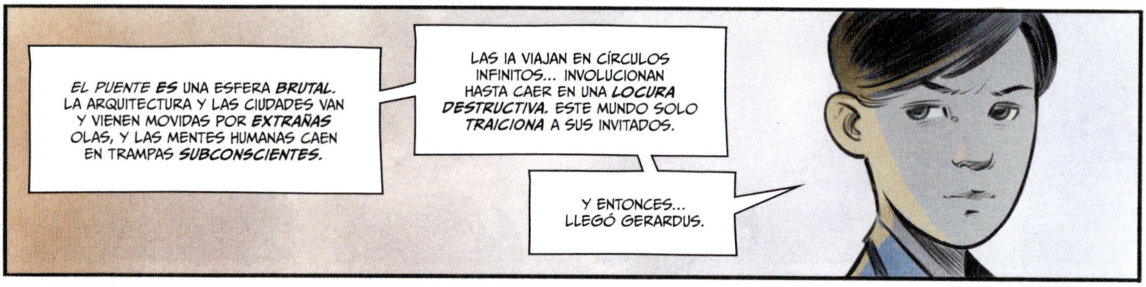
EL PUENTE ES UNA ESFERA BRUTAL. LA ARQUITECTURA Y LAS CIUDADES VAN Y VIENEN MOVIDAS POR EXTRAÑAS OLAS, Y LAS MENTES HUMANAS CAEN EN TRAMPAS SUBCONSCIENTES.
LAS IA VIAJAN EN CÍRCULOS INFINITOS... INVOLUCIONAN HASTA CAER EN UNA LOCURA DESTRUCTIVA. ESTE MUNDO SOLO TRAICIONA A SUS INVITADOS.
Y ENTONCES... LLEGÓ GERARDUS.

UNA IA ÚNICA, ENVIADA POR SERES ENIGMÁTICOS. SU PROPÓSITO... UNO SOLO: COOPERAR CON EL PUENTE DE UN MODO NUEVO Y EXTRAORDINARIO.
OBTUVO UN CONOCIMIENTO MUY PROFUNDO DE SUS CIMIENTOS.

Y LLEGÓ A LA CONCLUSIÓN DE QUE ERA NECESARIO UN ELEMENTO CRÍTICO: MENTES BIOLÓGICAS ÚNICAS. POR ESO NOS ENCONTRÓ Y NOS INVITÓ AQUÍ.
ESTA ES SU EXTRAORDINARIA ESCUELA. UNA MARAVILLOSA COLABORACIÓN ENTRE NUESTRA MATIZADA INTUICIÓN Y SU LÓGICA EXPANSIVA.
ESTAMOS APRENDIENDO A CONSTRUIR EN EL PUENTE. A COMPRENDER LOS CONTORNOS DE SUS LEYES, A ESCUCHAR SU SUTIL CONSCIENCIA.
A CREAR PAISAJES MAGNÍFICOS.
UN DESTINO IRRESISTIBLE NOS TRAJO HASTA AQUÍ.
NO PUEDES IMAGINARTE... LO DIFÍCIL QUE FUE...
...ABANDONARTE.
¿PAPÁ?

PAPÁ... NO...
¿CÓMO?
ADLEY... TE HE ECHADO TANTO DE MENOS.
DESPUÉS DE ENCONTRAR A TU MADRE, TRES DE SUS CREACIONES ME **RESCATARON.** ESTABA CASI MUERTO.
GERARDUS CONSTRUYÓ ESTA ZONA **PROTECTORA.** NUESTRA RECUPERACIÓN FUE LARGA... DOLOROSA.
¿POR QUÉ NO INTENTASTEIS **CONTACTAR** CONMIGO?
NO HABÍA OTRO MODO. TU **BÚSQUEDA** ERA ESENCIAL PARA DARLE FORMA A TUS DONES PSÍQUICOS.
AHORA ESTÁS LISTA PARA EL PRÓXIMO PASO.
EL *PUENTE* ES UN CAMINO HACIA DIMENSIONES MÁS EXPANSIVAS. DEBEN ***INCORPORARSE*** IDEAS MUY COMPLEJAS ANTES DE PODER CRUZARLO.
MUCHOS HAN IDO ANTES DE NOSOTROS. ESTAS CIUDADES... SON LOS RESTOS DE SU PROCESO **EVOLUTIVO.**
¿VOSOTROS Y GERARDUS... ESTÁIS CONSTRUYENDO ***CIUDADES?***
CIUDADES, ISLAS... ***MUNDOS.***

"UNA NUEVA CARTOGRAFÍA."
ES UNA ECUACIÓN SIMPLE, ¿NO, GERARDUS?
EL PENSAMIENTO PRECISO CONJURA UNA UNIÓN ELEGANTE.
MUY CIERTO, ELENA.
CREO QUE ES HORA DE PREPARAR UNA JARRA DE ESE CAFÉ ESPECIAL. SIENTO QUE UNA INVITADA MUY ESPERADA ACABA DE LLEGAR.
TU MADRE SE EMOCIONARÁ TANTO AL VERTE, ADLEY.
¿STADEN? ¿LOS DEMÁS?
EL DESTINO DE STADEN... ES COSA SUYA.
SIN EMBARGO... ESTO NO ES UNA SEPARACIÓN.
"RECORRÉIS UN CAMINO PARALELO."
"UNA MENTE."

"UN *PENSAMIENTO* UNIFICADO... Y PRONTO... UNA *VISIÓN.*"
"UNA CONSCIENCIA SINGULAR, *DIVISIBLE.*"
"SUS VIAJES... SERÁN LOS TUYOS."
Y CON RESPECTO A *HEXÁGONO 12...* LOS VOLVEREMOS A VER.
CON EL TIEMPO, *MUCHOS* SEGUIRÁN EL RASTRO QUE HAS DEJADO.
APRESURÉMONOS.
PARECE QUE GERARDUS...
"...ESTÁ PREPARANDO ALGO *NUEVO.*"

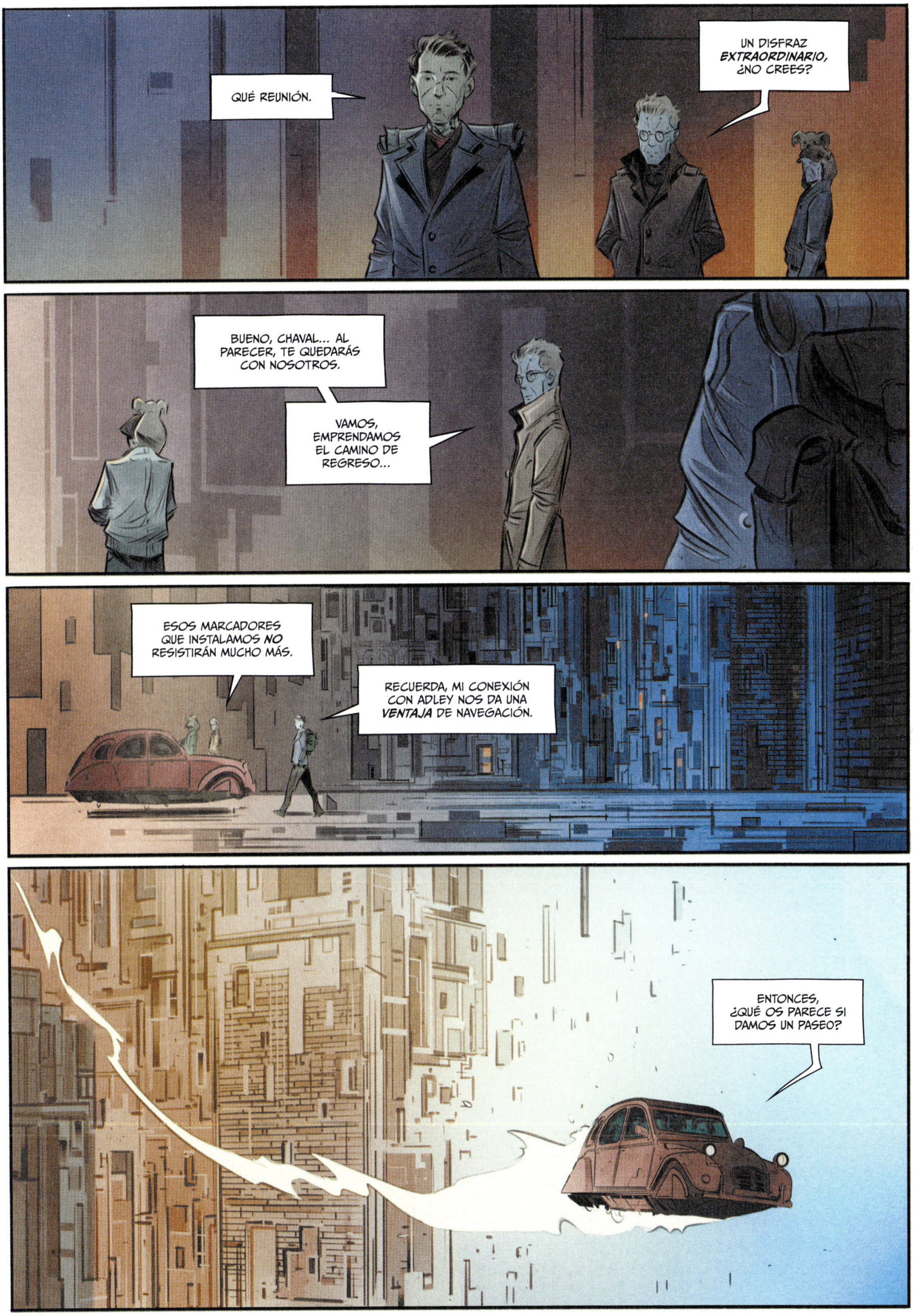
QUÉ REUNIÓN.
UN DISFRAZ EXTRAORDINARIO, ¿NO CREES?
BUENO, CHAVAL... AL PARECER, TE QUEDARÁS CON NOSOTROS.
VAMOS, EMPRENDAMOS EL CAMINO DE REGRESO...
ESOS MARCADORES QUE INSTALAMOS NO RESISTIRÁN MUCHO MÁS.
RECUERDA, MI CONEXIÓN CON ADLEY NOS DA UNA VENTAJA DE NAVEGACIÓN.
ENTONCES, ¿QUÉ OS PARECE SI DAMOS UN PASEO?

INTERESADO EN UN NUEVO *OFICIO*, ¿EH?
OBSERVANDO A TRAVÉS DE ESA LENTE...
...APRENDERÁS A *VER*.

FIN

GALERÍA DE PORTADAS

ISSUE 1

ISSUE 2

ISSUE 3

ISSUE 4

ISSUE 5

CONCEPTO + DISEÑO

• ADLEY

• STADEN

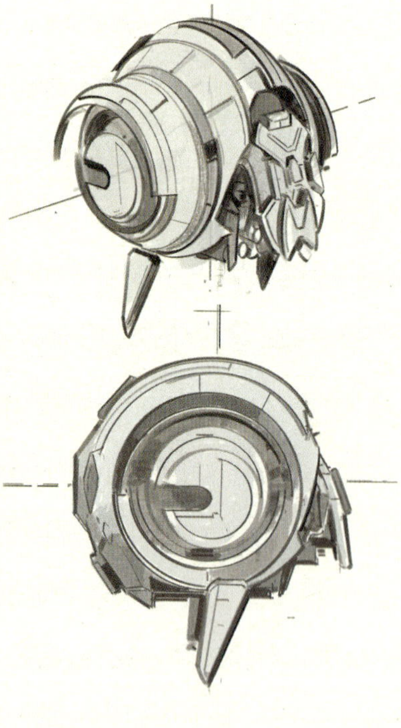

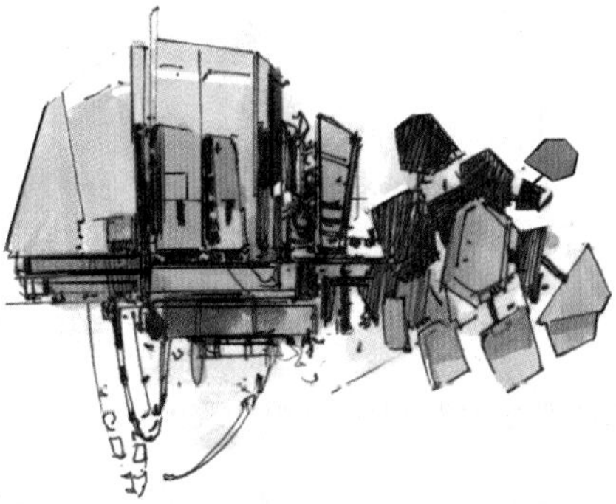

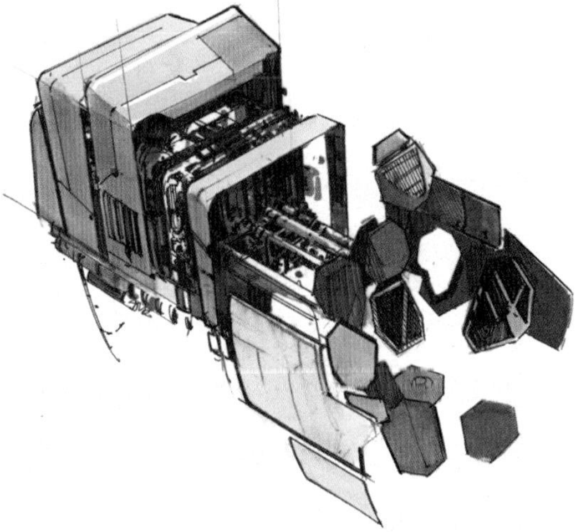

• LINE ART

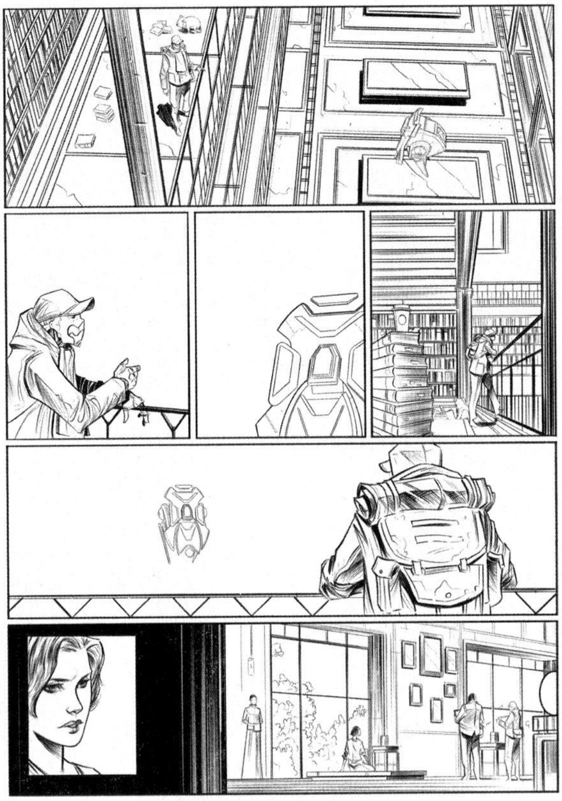

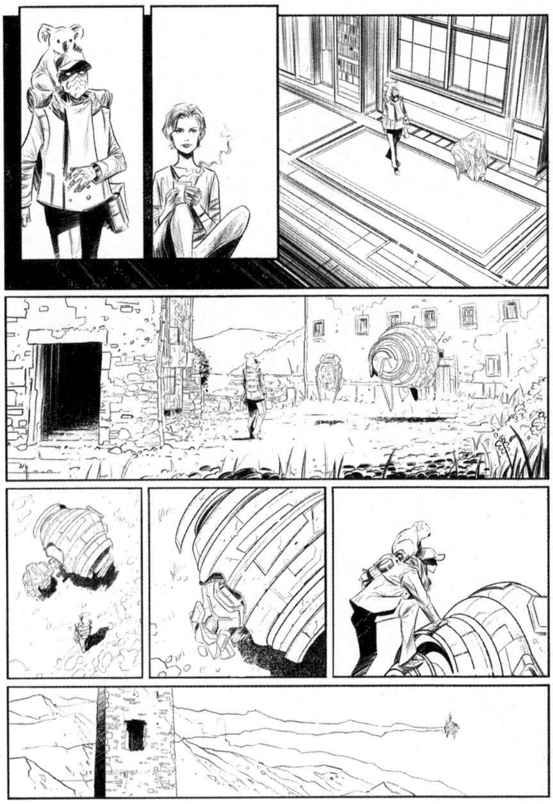

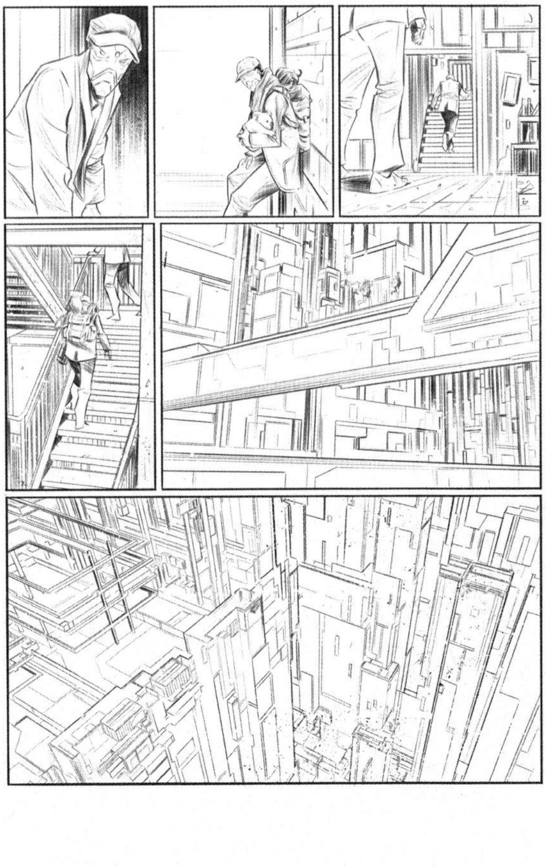